信息科技核心素养教育系列教程

学编程2

木兰故事小创客

李雁翎◎丛书主编
刘征　翁彧◎编
王默　张钰婕◎绘

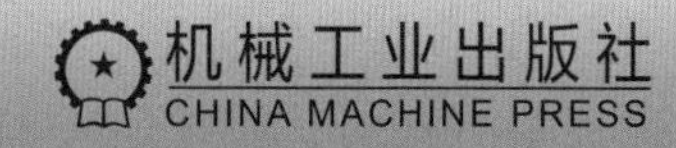

随着智能时代来临，编程能力日渐成为基础技能。青少年信息科技教育的目的不是要培养未来的程序员，而是让孩子们熟悉编程原理和思维，勇于在新时代成为科技的创造者，利用技术赋能的思想来阐释自我及看待世界。本书选取木兰从军中的 10 个趣味故事作为情境，基于图形化编程平台，通过“拖曳编程积木”创意故事情节，创造属于自己的数字世界。通过趣味性的故事线索、逐步进阶的编程逻辑、沉浸式的互动编程体验，让孩子体会“观察—抽象—编程—反思”这一逻辑思维的形成过程，从而掌握基础的编程概念和方法，拓展信息科技知识，培养严谨认真的态度，锻炼计算思维，提升创新意识与解决问题的能力。

本书适合初学编程的青少年读者阅读，还可作为基础教育阶段“信息科技”课程的参考用书。

图书在版编目（CIP）数据

学编程．2，木兰故事小创客 / 刘征，翁彧编；王默，张钰婕绘．-- 北京：机械工业出版社，2024．9．
（信息科技核心素养教育系列教程 / 李雁翎主编）．
ISBN 978-7-111-76150-1

Ⅰ．TP311.1-49

中国国家版本馆 CIP 数据核字第 2024PN7665 号

机械工业出版社（北京市百万庄大街 22 号　邮政编码 100037）
策划编辑：韩　飞　　　　责任编辑：韩　飞　苏　洋
责任校对：杨　霞　张慧敏　景　飞　　责任印制：邓　博
天津市银博印刷集团有限公司印刷
2025 年 1 月第 1 版第 1 次印刷
170mm × 240mm · 19.25 印张 · 100 千字
标准书号：ISBN 978-7-111-76150-1
定价：89.00 元

电话服务　　　　网络服务
客服电话：010-88361066　机　工　官　网：www.cmpbook.com
　　　　　010-88379833　机　工　官　博：weibo.com/cmp1952
　　　　　010-68326294　金　　书　　网：www.golden-book.com
封底无防伪标均为盗版　机工教育服务网：www.cmpedu.com

丛书序

随着信息技术的快速发展和广泛应用，信息科技已经渗透到人们生活的方方面面，成为我国社会与经济发展的重要支柱，青少年信息科技教育也因此成为当今基础教育关注的一个重要方面，日益引起重视。

教育部印发的《义务教育信息科技课程标准（2022 年版）》为青少年信息科技教育确立了总目标：树立正确价值观，形成信息意识；初步具备解决问题的能力，发展计算思维；提高数字化合作与探究的能力，发扬创新精神；遵守信息社会法律法规，践行信息社会责任。

“信息科技核心素养教育系列教程”丛书是由多所师范类高校教师根据“信息科技核心素养教育”的研究成果，以及长期从事信息基础教学的经验编写而成的。教材确立了“树立正确的价值观、建立科学的世界观、坚持以培养学生信息素养为核心的主线”的“二观一线”理念通过编程教学，不仅可以帮助青少年学生掌握一些基本的编程知识，还可以帮助他们理解数字世界，形成信息意识，强化逻辑思维能力，提升数字化探究的能力，聚焦数据与科技问题求解要点，培养“家国情怀”与信息社会责任意识。

丛书以编写程序为引导，通过落实信息科技基础教育目标和知识点框架形成教学体例。

如上图所示，丛书分为“讲故事学编程”“去观察学编程”“解问题学编程”三类主题，共计 6 册。每册各设计 10 个案例，对应讲解和渗透了《义务教育信息科技课程标准（2022 年版）》的主要内容。

其中，“讲故事学编程”部分为：

▶ 学编程 1：西游故事小创客（对应课标第一学段）

▶ 学编程 2：木兰故事小创客（对应课标第二学段）

丛书前两册以中国传统文化为编程背景，将《西游记》《木兰辞》拆分成小的故事情节，运用到动画程序的设计中，引导初学编程的小学生用色彩和动画的表达方式讲自己熟悉的故事，表达自己的感受，让色彩丰富的自绘图片变成自己可控制的动画，这就是对“客观世界”进行“数据抽象”感知的开始。将中国传统文化的经典故事和编程结合在一起，充分调动学生的视觉设计思维，促进提升他们的信息表达和设计创造能力。

“去观察学编程”部分为:

- 学编程 3: 动植物发现小创客（对应课标第三学段）
- 学编程 4: 科技发明小创客（对应课标第三学段）

观察可以帮助人们了解和理解客观世界，提高思维能力。创造也源于观察。通过观察，青少年能获得更多的信息和知识，培养自己的判断力和分析能力。观察还可以帮助青少年发现问题、解决问题和做出明智的决策，是他们认识自己和世界的重要工具。

我们在设计《学编程 3：动植物发现小创客》《学编程 4：科技发明小创客》两册的案例时，一方面向学生传递“动植物”的生长及变化规律，另一方面介绍了“科技发明”的创造原理，让学生带着思考去观察、去发现，培养学生的分类、类比、抽象、构造等信息意识，这不仅有助于培养他们的认知能力，而且有益于开拓思维和提高想象力。

“解问题学编程”部分为:

- 学编程 5: 身边的人工智能（对应课标第四学段）
- 学编程 6: 信息科技应用（对应课标第四学段）

信息科技领域不断变革创新，需要人们具备创造力和解决问题的能力，信息科技教育的目标则是培养青少年的创新思维和解决问题的能力。

《学编程 5：身边的人工智能》《学编程 6：信息科技应用》两册包括信息搜索、信息评估、信息利用等多个方面的技能培养，让学生能够更好地获取和利用信息，帮助他们在学习和生活中做出明智的决策。通过问题求解，学生既能学习计算思维、编程和创客等相关技能，也能锻炼创造力与对整体系统构建和处理的能力，从而能够培养他们的创新思维和解决问题的能力。

通过三类主题，丛书以“编程过程”为切入点，融汇了计算思维和信息素养的教育目标，从传统文化到现代科技，乃至信息技术应用，视野和境界不断提升，从而起到提升信息科技核心素养的作用。

丛书是信息科技课程教学的一个不同视角的教学实践，欢迎广大读者批评指正。

李雁翎

前言

对于从一年级就开始接触编程技能的孩子，他们的未来会有什么不同?

随着人工智能的发展，问题的答案不言而喻，编程能力将成为未来科技的基础技能，从小学习编程的孩子在未来可能会体现出极强的竞争力。在素质教育大背景下，少儿编程是为孩子认知未来社会送上的最好的礼物之一。

本书是“信息科技核心素养教育系列教程”的第二册，以“讲故事学编程”为主旨，基于图形化编程平台，以可视化图形编程为工具，以脍炙人口的民间故事“木兰从军”为线索进行了再创作。考虑到故事的趣味性、程序的游戏性和内容的渐进性，通过编程再造了 10 个故事情节，每个故事情节对应一个包含不同编程技能的程序。在完成编程后，指导孩子以思维导图的方式回顾编程过程。以兴趣为基础，通过探究，引导孩子分析问题，提升解决问题的能力，并通过拖曳编程积木还原故事情节，创造属于孩子自己的一片数字世界。

由衷感谢李雁翎教授远见卓识预见少儿编程的重要性，策划并组织了本丛书的编写。感谢匡松教授对本书的细致指导和耐心修改，让我们不止一次感叹他的治学严谨。感谢插画师张钰婕和王默两位老师，他们的创作为本书的程序赋予了全新的特点，让原本静止的画面变得灵动。还要特别感谢机械工业出版社的各位编辑们在写作过程中的辛勤付出，正是他们通过详尽细致的编辑工作，提出了诸多宝贵的修改建议，保证了本书的质量，与大家共事和学习是我的荣幸。特别感谢哈尔滨工业大学司宇以及东北师范大学叶芮伶、周欣怡、姚蓍箐、王一合和田思同学，她们在书稿配图、反复校对等迭代过程中承担了大量工作。每位成员对少儿编程的热爱、对撰写本书意义的认同、对反复多轮工作的支持与包容，共同确保了本书的最终成稿。最后，感谢在学习和工作中一直为我们默默付出的家人，正是他们的陪伴与付出让我们的人生变得更加有意义。

本书以小学一二年级的小朋友为对象，主要针对编程新手进行基础入门培训，适合作为中小学的编程教材或辅助学习用书，同时也适合亲子共读，一起领略快乐的编程学习之旅。借助图形化编程平台，以堆积木的编程方式来为小朋友们打开编程之门，将枯燥的编程学习融入通俗易懂的故事中，在不脱离生活的同时，寓教于乐，培养孩子们的逻辑思维能力和编程兴趣。在有趣的动画制作中，孩子可以学习到基础的编程概念和技巧，充分锻炼逻辑思维、数学理解、严谨理念、解决问题能力、动手能力和创造力。

本书结合积木编程的各种案例对木兰从军的故事进行了改编，笔者已经尽最大努力保证本书内容和代码的准确性，但仍有可能会出现疏漏，如果读者在阅读过程中发现了问题，请及时反馈给我们，这将极大地帮助我们提升本书的质量。

书中涉及资源获取方式：

目 录

第 1 章

凌霄之志

唧（jī）唧复唧唧，木兰当户织。不闻机杼（zhù）声，唯闻女叹息。问女何所思，问女何所忆。女亦无所思，女亦无所忆。

——《木兰辞》

1.1 讲故事

在很久以前，有一个聪慧孝顺的女孩——木兰。她与其他女孩不同，从小不喜欢针线和刺绣，天生喜欢骑马射箭。

木兰的爸爸年轻时曾征战沙场，平时经常带她和弟弟荣儿外出打猎。木兰也因此练成了十分高超的射术，百米外就能将天上的大雁射下来，荣儿常常开玩笑地叫木兰为“哥哥”。

木兰的妈妈十分反对女孩子习武，孝顺的木兰为了不惹妈妈生气，白天跟着妈妈一起织布缝衣，晚上时常带着荣儿偷偷地翻看爸爸的旧兵书。一天晚上，荣儿在练字的时候，木兰拿起桌子上的《孙子兵法》认真地读了起来。

荣儿问："'哥哥'在看什么书呀？"

木兰答道："荣儿不要淘气，我要熟读兵法，以后报效祖国！"

荣儿被姐姐的爱国情怀打动，"我也要好好学习，像姐姐一样，报效祖国！"

木兰开心地回答，"只要努力，一定可以的！"

不过，安安静静在家织布才是木兰的日常。有一天，木兰正在认真地织布，她房间的窗户微微敞开了半边，明媚的阳光洒了进来。窗外传来了打斗的声响，原来是邻居家的两兄弟在练功夫。木兰放下手中的布，走到窗前，看着在院中操练的两人，眼中尽是向往。看了好一会儿，她才想起妈妈的嘱咐，"兰儿啊，你要做个文静的女孩子，不要再舞枪弄棒了。"

木兰叹了口气，重新回到纺织机前，继续织着那未完成的布。她感觉这匹布好长好长，好像永远都织不完，再温暖的阳光，也无法让她开心。木兰的心一直被外边的声音牵动着，脑海里都是自己骑着高头大马弯弓射箭的英姿。

对于心怀梦想的木兰来说，她也许只是在等待一个机会。

1.2 看程序

扫描二维码，按以下方法操作，可以看到本案例的呈现效果。

1）点击 ▶运行 按钮，启动程序。

2）点击“木兰”角色，呈现“木兰”造型，如图 1-1 所示。

图 1-1 “木兰”造型

3）点击“荣儿”角色，呈现“荣儿”造型，如图 1-2 所示。

图 1-2 “荣儿”造型

1.3 学设计

这个程序展示了“木兰带领弟弟读兵书”的场景，设计思路和实现方法如下。

1）布置舞台背景。

2）创建“木兰”和“荣儿”两个角色。

3）播放背景音乐“高山流水”。

4）让“荣儿”首先提问题。

5）根据场景需要设计等待时间，让“木兰”回答“荣儿”的问题。

6）多次重复，完成两个角色的对话过程。

1.4 编写程序

若想实现“木兰带领弟弟读兵书”程序模块的功能，具体设计方法如下。

1.4.1 动动手：布置舞台

首先需要准备好本案例所需资源“1. 凌霄之志”文件夹，再利用这些资源布置舞台。

按如下流程操作：

1）在图形化编程环境下，点击“文件”菜单，选择“从电脑导入”命令，如图 1-3 所示。

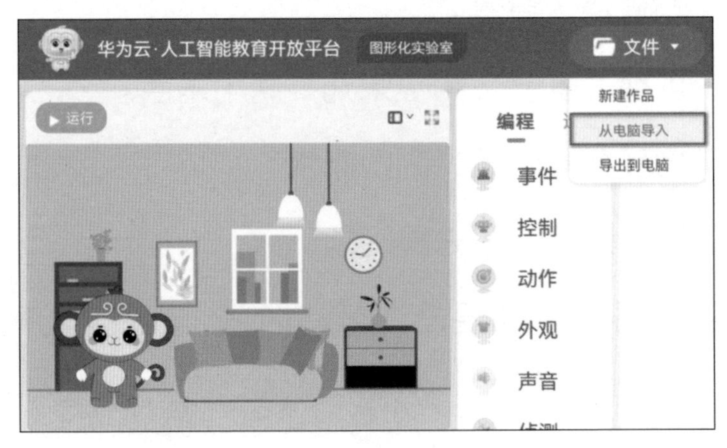

图 1-3　选择“从电脑导入”命令

2）在弹出的“打开文件”对话框中，找到编程资源“1. 凌霄之志”文件夹的位置，选择“1. 凌霄之志 – 基础案例 .ppg”文件，点击“打开”按钮，完成“1. 凌霄之志 – 基础案例 .ppg”文件的导入操作，如图 1-4 所示。

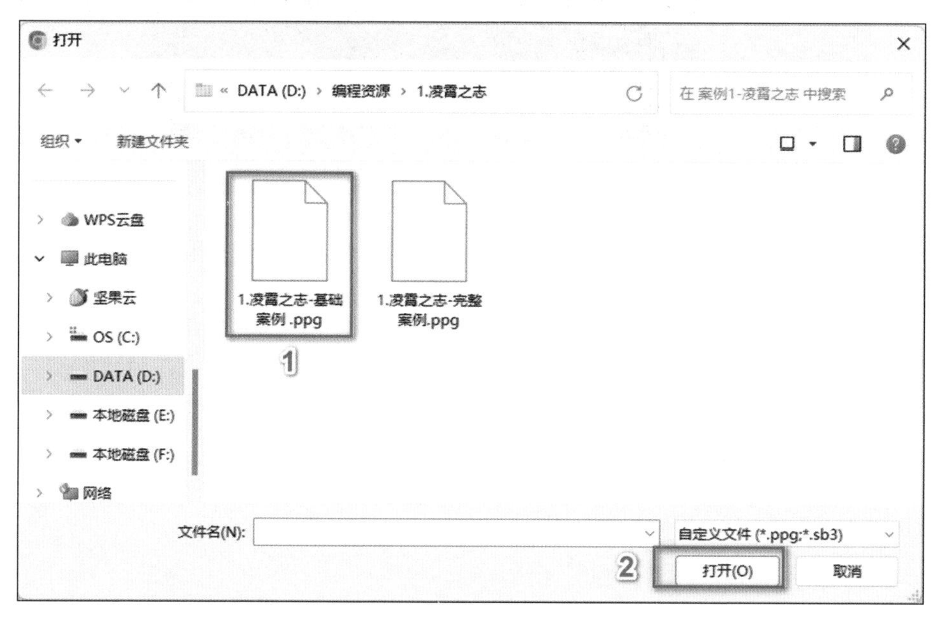

图 1-4　选择“1. 凌霄之志 – 基础案例 .ppg”文件

上述操作完成后，布置的舞台效果，如图 1-5 所示。

图 1-5　舞台效果

1.4.2　动动手：搭积木

按如下流程操作完成“凌霄之志”的积木搭建。

1. 控制程序脚本运行

程序运行后，我们需要给一个启动的触发点，让荣儿触发对话的事件。选择“已选素材区”的“荣儿”，将鼠标移至“事件”类积木中找到积木 当▶被点击 ，把它拖曳到积木块编辑区，如图 1-6 所示。

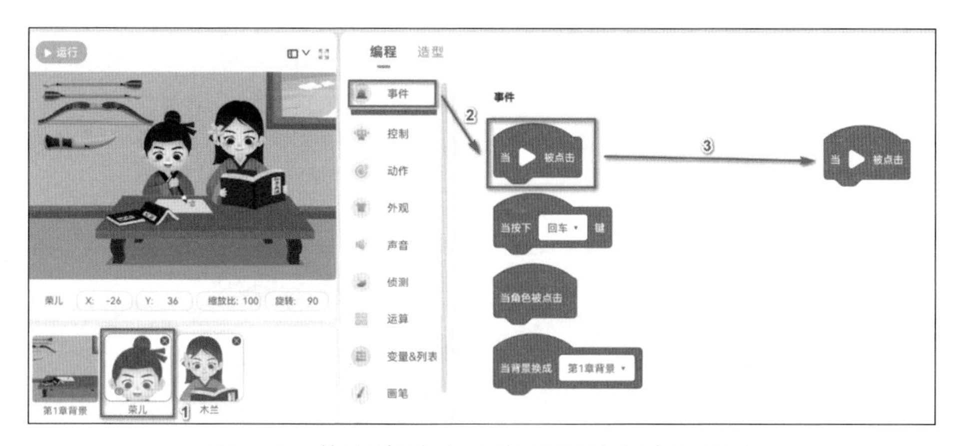

图 1-6　拖曳事件中“当运行被点击”积木

2. 编写“荣儿”的对话积木

1）在“外观”类积木中找到积木 说 你好! 2 秒 拖曳到积木 当 ▶ 被点击 下方，将积木 说 你好! 2 秒 中的“你好！”文字设置为“‘哥哥’在看什么书呀？”，设置时间为 3 秒，如图 1-7 所示。

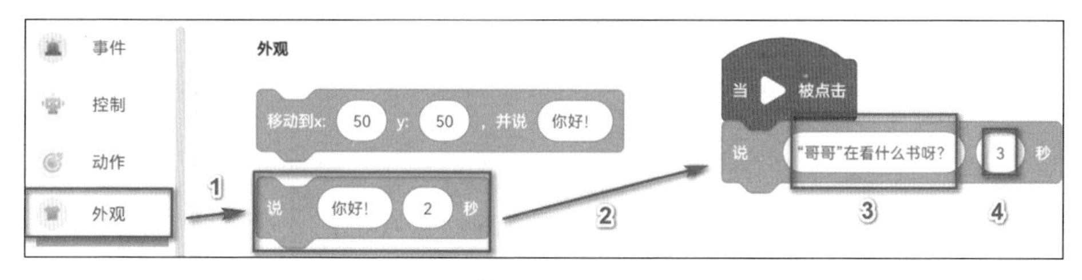

图 1-7　拖曳“对话”积木

2）在“控制”类积木中找到积木 等待 1 秒 ，把它拖

曳到积木 说 “哥哥”在看什么书呀? 3 秒 下方，将积木 等待 1 秒 的等待时间设置为 3 秒，如图 1-8 所示。

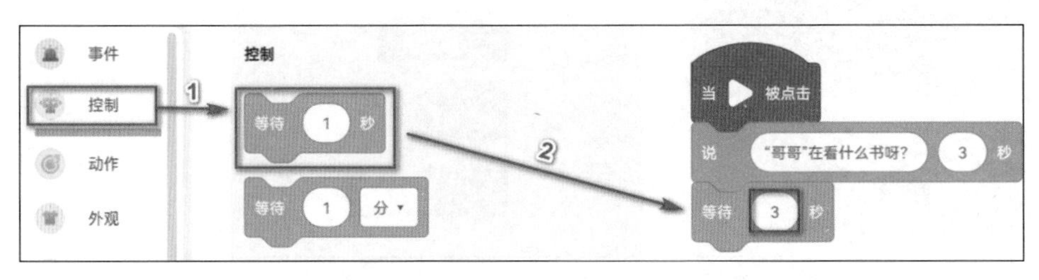

图 1-8　拖曳“等待 1 秒”积木

3）重复之前两个步骤，将积木 说 你好! 2 秒 中的“你好！”文字设置为：“好，看我写的字怎么样?”，持续时间设置为 3 秒，积木 等待 1 秒 的等待时间同样设置为 3 秒。设置完成效果如图 1-9 所示。

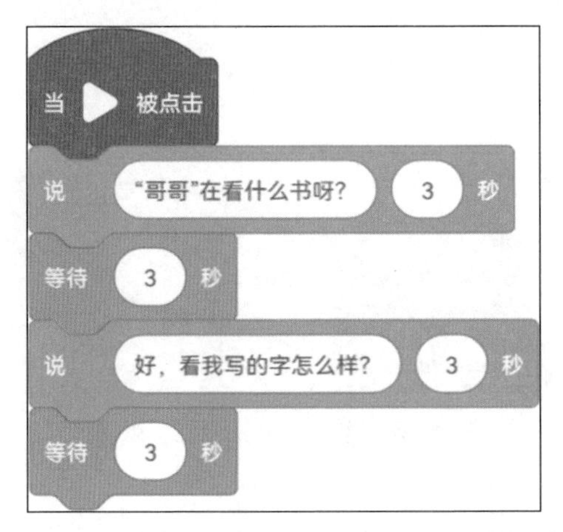

图 1-9　创建“荣儿”第二次对话积木

4）重复步骤 1），在“外观”类积木中找到积木 说 你好！ 2 秒，把它拖拼接到 等待 1 秒 下方，将积木 说 你好！ 2 秒 中的“你好！”文字设置为：“我要好好学习，像姐姐一样，报效祖国！”，持续时间设置为 3 秒，设置完成效果如图 1-10 所示。

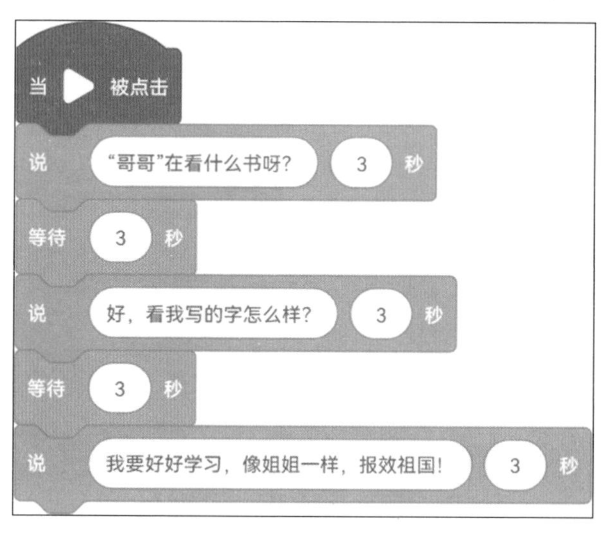

图 1-10 “荣儿”对话全部代码

3. 编写“木兰”的动作积木

木兰的爱国情怀感染了弟弟荣儿，她鼓励荣儿要努力学习才能报效国家。

1）选择“已选素材区”的“木兰”，将鼠标移至

“事件”类积木中找到积木 当▶被点击 ，把它拖曳到积木块编辑区。后面章节选择角色设置积木的方式与本案例一致，不再重复，如图 1-11 所示。

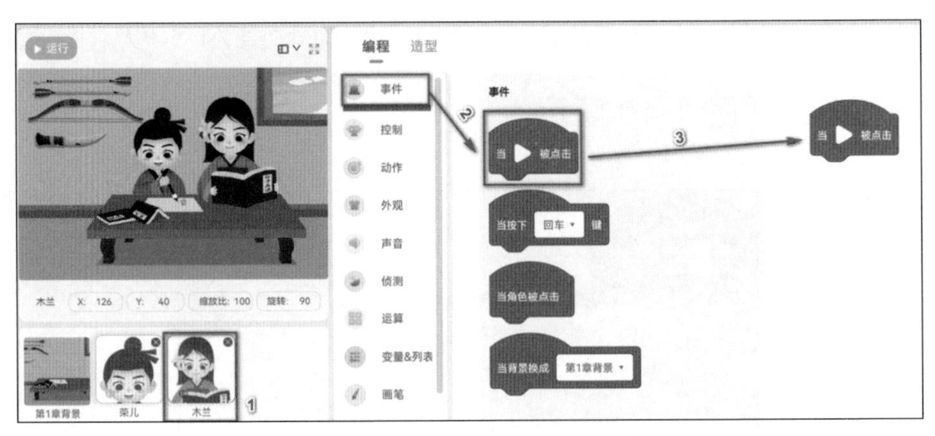

图 1-11　拖曳“当运行被点击”积木

2）设置木兰的等待时间，等荣儿对话完成后，显示木兰的对话，在“控制”类积木中找到积木 等待 1 秒 ，拖曳到积木 当▶被点击 下方，设置等待时间为 3 秒，如图 1-12 所示。

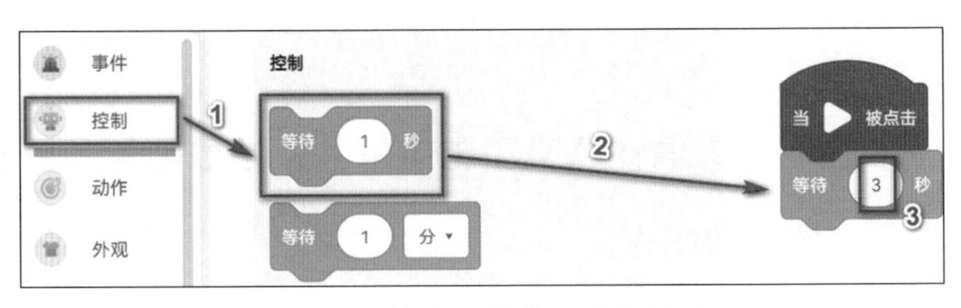

图 1-12　拖曳“等待 1 秒”积木

3）在“外观”类积木中找到积木 说 你好！ 2 秒 ，把它拼接到 等待 3 秒 下方，将积木 说 你好！ 2 秒 中的“你好！”文字设置为：“荣儿不要淘气，我要熟读兵法，以后报效祖国！”，设置时间为 3 秒，设置完成效果如图 1-13 所示。

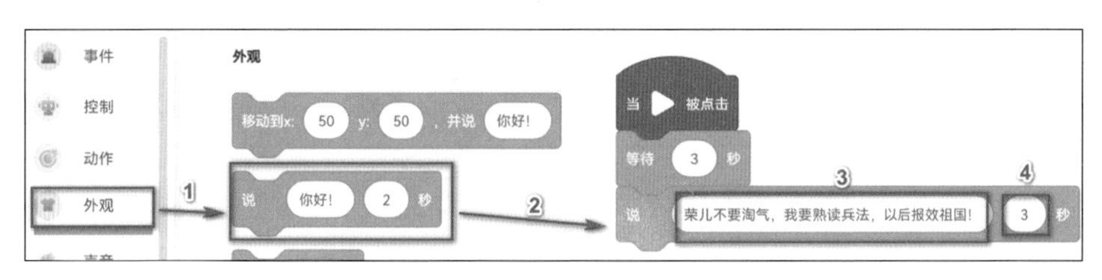

图 1-13　拖曳“对话”积木

4）重复之前两个步骤，在“控制”类积木中找到积木 等待 1 秒 ，拖曳到积木 说 荣儿不要淘气，我要熟读兵法，以后报效祖国！ 3 秒 下方，设置等待时间为 3 秒。在“外观”类积木中找到积木 说 你好！ 2 秒 ，把它拖拼接到 等待 3 秒 下方，将积木 说 你好！ 2 秒 中的“你好！”文字设置为：“这个‘兵’字，刚劲有力，真不错！”时间设置为 3 秒，设置完成效果如图 1-14 所示。

5）重复步骤 4），将积木 说 你好！ 2 秒 中的“你好！”文字设置为：“只要努力，一定可以的！”，时间设置为 3

秒，设置完成效果如图 1-15 所示。

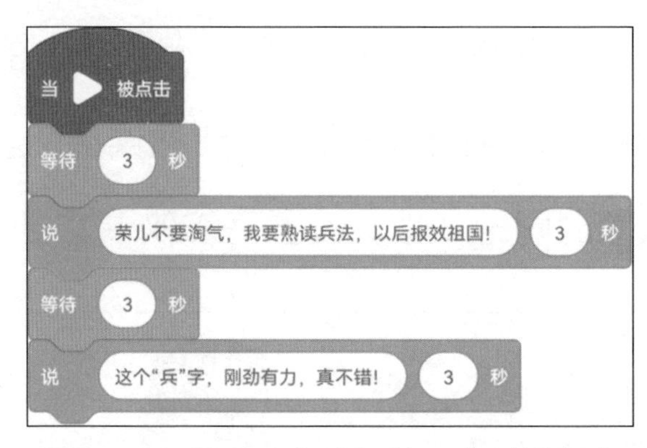

图 1-14　创建“木兰”第二次对话积木

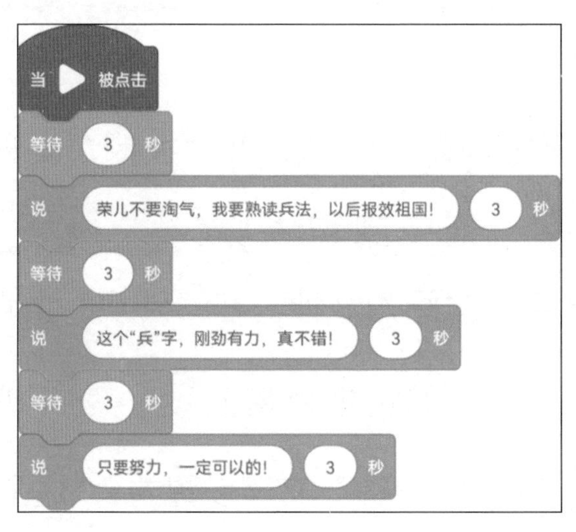

图 1-15　“木兰”对话全部代码

4. 设置动画的背景音乐

为了提升动画的质感，设置自动播放背景音乐。

1）点击“已选素材区”的“背景”，将鼠标移至

“事件”类积木中找到积木 当 ▶ 被点击 ，把它拖曳到积木块编辑区，如图 1-16 所示。

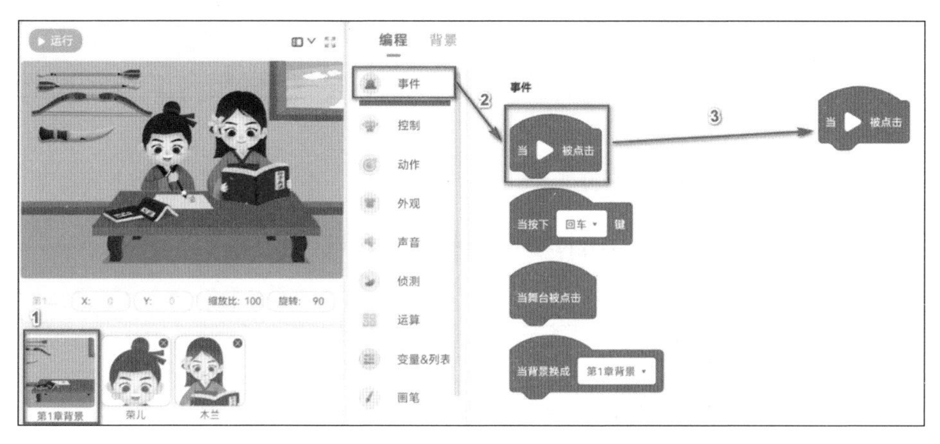

图 1-16　拖曳“当运行被点击”积木

2）在“声音”类积木中找到积木 播放声音 ，把它拖曳到积木块编辑区，并把它拼接到积木 当 ▶ 被点击 下方，在下拉框中选择音乐——1. 高山流水，如图 1-17 所示。

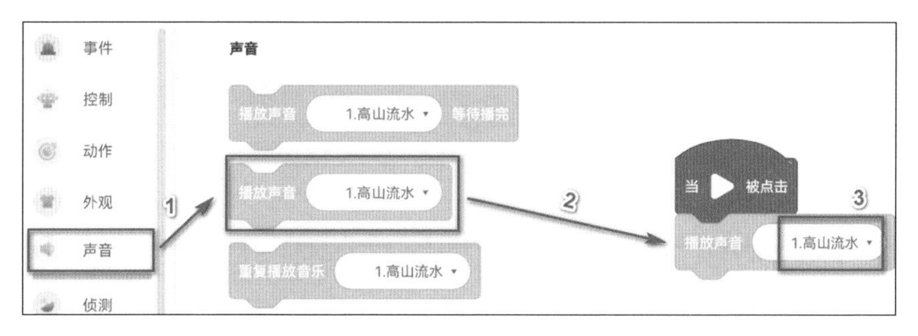

图 1-17　拖曳“播放声音”积木

5. 运行程序

点击舞台编辑区的 ▶运行 按钮，将程序运行起来，可以看到程序中的弟弟“荣儿”跟“木兰”的对话，弟弟知道了姐姐立志要读书报效国家，被深深打动，立志努力学习，向她看齐。

本案例角色“荣儿”的最终代码如图 1-18 所示。

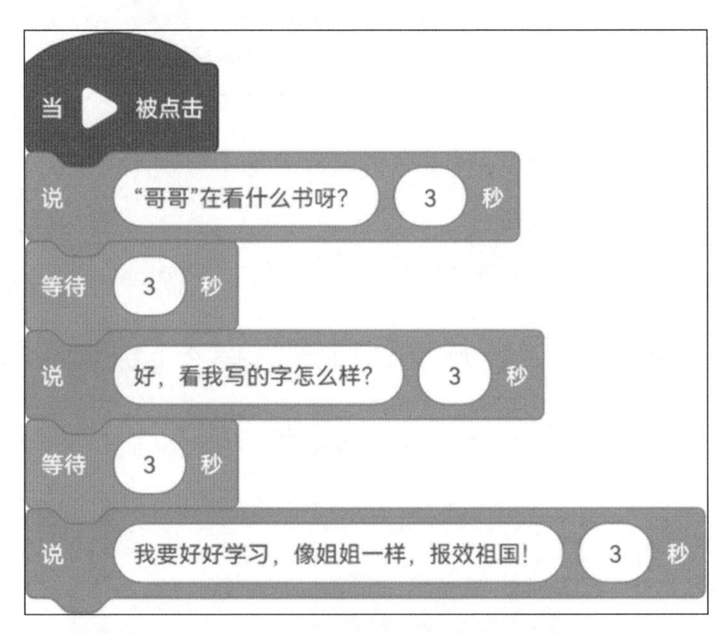

图 1-18 “荣儿”最终代码

本案例角色“木兰”的最终代码如图 1-19 所示。

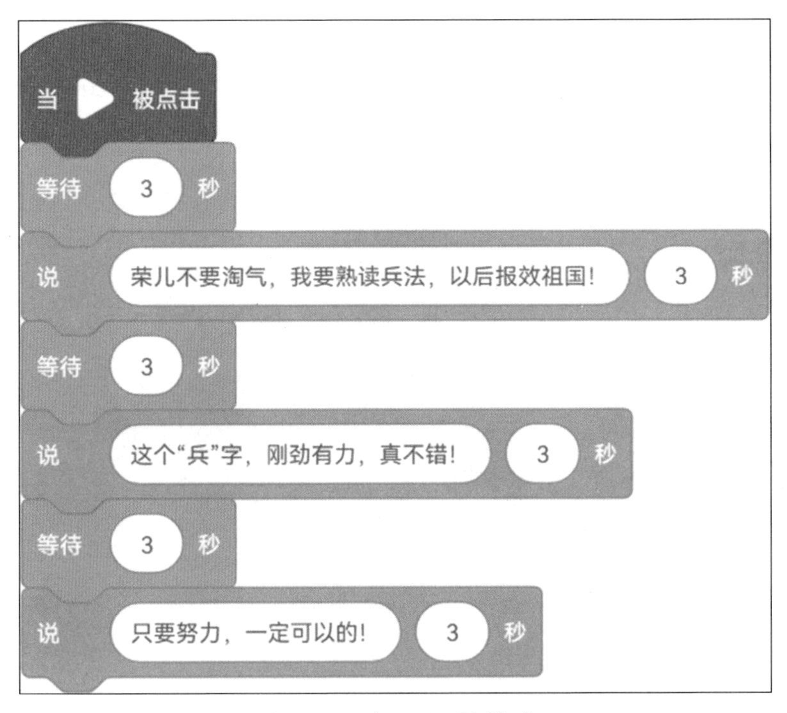

图 1-19 “木兰”最终代码

本案例背景的最终代码如图 1-20 所示。

图 1-20 背景最终代码

程序代码运行效果如图 1-21 所示。

图 1-21　程序运行最终效果

现在已经完成了所有编程创作，检查一下和演示程序是否一致。

1.4.3　动动手：保存作品

保存作品有两种方法。

1. 方法一

点击“文件”菜单，选择“导出到电脑”命令，刚刚完成的作品就保存到电脑中了。可以将这个新作品保存到一个专属文件夹中，如图 1-22 所示。

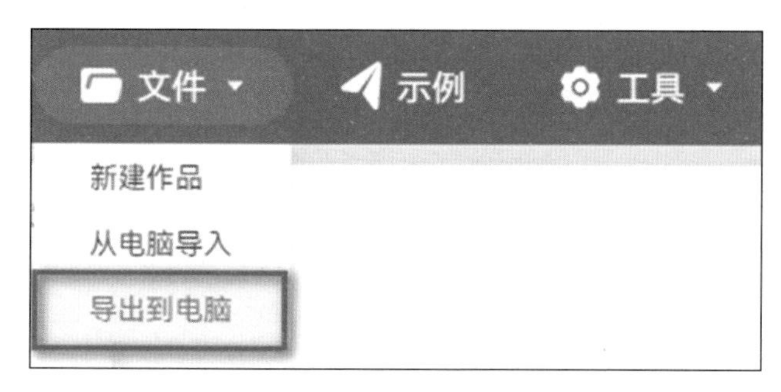

图 1-22　选择“导出到电脑”命令

记得建立一个专属文件夹，收集你所有的作品。

2. 方法二

点击菜单栏右侧的“登录”按钮，登录成功后，点击菜单栏的“保存”按钮，可以把作品保存至个人中心，如图 1-23 所示。

图 1-23　点击“保存”按钮

1.5 理一理：编程思路

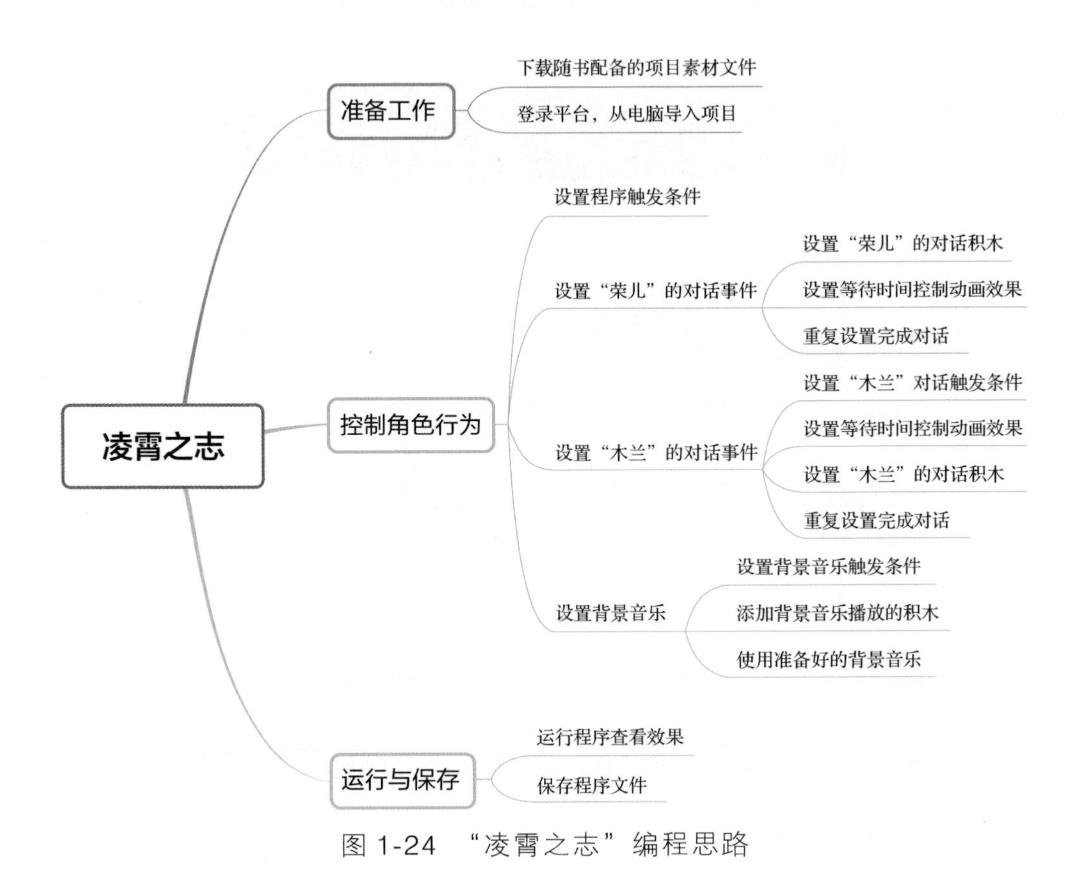

图 1-24 “凌霄之志”编程思路

1.6 学做小小程序员

通过学习本案例，我们获得了以下知识。

1. 舞台

舞台是角色活动的区域，也是我们编程结束后，最终程序运行效果展示的区域。在本案例中，我们将舞台背景设定为古代的书房，这既符合故事发生背景，也能让大家更好地融入故事场景。

2. 角色

角色是一类能通过对其编程以实现特定功能的对象。角色可在平台的角色区素材库选择或者自行上传素材导入，同时角色区还可以实现造型的更改。在“凌霄之志”中，我们设定了“木兰”和“荣儿”两个角色。他们各自拥有自己的形象，外观特征鲜明，色彩风格统一，通过编程实现了这两个角色各自的对话功能。

3. 顺序结构

顺序结构是编程三大基本程序结构之一，它是指积木按照自上而下的顺序，逐个执行的程序结构。本章，在对两个角色进行编程时，都使用了顺序结构，例如

“荣儿”在本案例中会说三句话，在编程时，按照故事发生的顺序将这三个“对话积木”进行排列拼接，故事就顺利进行了。

4. 触发事件

程序开始时，我们需要一个启动的机制。点击舞台上的 ▶运行 按钮，就会触发事件。这是通过积木 当 ▶ 被点击 实现的。本章通过点击 ▶运行 按钮，程序开始运行，“荣儿”和“木兰”开始对话。

5. 背景的操作

背景是角色故事发生的场景，一般场景中不仅包括“背景图片”，还包括“背景音乐”等。本章我们采用“古代书房”为背景图片，还选择“高山流水”为背景音乐。

1.7 走近信息科技

在平时的学习与生活中，交流是非常重要的一环，顺畅地交流是与他人成为好朋友的关键。同样，在编程过程中，交流也是非常重要的。假如你在编程中遇到问题，寻求帮助和讨论解决方案通常也需要与他人进行对话交流。

以一个常见的场景为例：有一天，小明来到了新的学校，他感觉很孤独，不知道应该怎样与其他同学交流。就在这时，他看见一个同学，名叫小华，向他打招呼并与他交谈。小明很开心地发现，通过对话，自己不但可以结识新朋友还能更好地融入集体。这个故事告诉我们，对话是相互沟通的过程，不仅仅是为了传递信息，还可以建立联系、增进情感，甚至改变生活。

将上述场景放到信息科技的视角下，可以把对话交流看作一种信息传递的过程，同学们日常看到的智能音响、智能电视、智能汽车、智能手机都是信息产生端，同时也是信息接收端，这里简称为信息终端。信息终端间的信息传递，与小明和小华对话的过程基本一致，可以将两个人看作两个信息终端，每次对话都完成了信息的产生和接收，也就是一次信息传递过程。这种例子在日常生活中很常见，如广播电视信号传入各个家庭的电视中，这时电视是信息接收端，通过信号的解码，让大家看上丰富多彩的电视节目，同时，电视信号是信息的产生端，人们通过电视线路和电视的显示屏接收信息，这样电视信号就完成了一次从电视台到千家万户的信息传递过程。

信息具有多种形式，在对话交流中信息是语音形式，除此之外信息还包括语言文字、图像、视频等形式，每种形式都有其特点和优势。以图像为例，它是一种特殊的数据形式，能够传递各种信息，通过数字编码，数据文件记录了图像的各个细节，并能传输到不同的设备上。

最终，我们能发现数据和信息技术之间的联系密不可分。数据具有可传递性，需要通过特定的方式从产生端传输到接收端。这与对话交流的过程是一致的，即需要建立双方间的联系和沟通，才能实现信息的传递。在开始学习编程时，理解对话交流的重要性、多样性以及数据传递的原理，将有助于同学们更好地掌握编程知识和技能，并在未来的学习和生活中更加自信和独立。

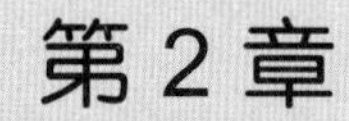

第2章

替父从军

昨夜见军帖，可（kè）汗大点兵，军书十二卷，卷卷有爷名。阿爷无大儿，木兰无长兄，愿为市鞍（ān）马，从此替爷征。

——《木兰辞》

2.1 讲故事

木兰的爸爸从战场归来后，由于长期行军打仗，身体落下了很多旧伤。冬天到了，木兰爸爸旧疾复发，两个膝盖肿得厉害，只能卧病在床。木兰和弟弟陪着妈妈一起照顾爸爸。

这时突然传来了北方敌人入侵的消息，当朝天子立马召集身边的臣子商议，宰相提议在战区附近大范围征兵，用最短的时间组建军队抵抗外敌。木兰的家乡离战区不远，征兵的告示很快就贴到了城中。木兰爸爸作为曾经的战士，是这次主要的征召对象。经验丰富的战士既能够分享宝贵的经验，又能够激发军队的士气。

木兰深知以爸爸坚毅（yì）的性格，一定会硬撑着回归军队，孝顺的她心疼爸爸，但是自己是女儿身，家里没有兄长，弟弟又十分年幼。木兰心想“我要是个男孩就好了”。想到这里，她坐起身来，“我虽是女孩，但是我的武艺并不比男孩子差啊，去年比赛，我的射术比其他人都强，他们都能上阵杀敌，我肯定也行。”这念头，不断在她脑子里打转，她翻来覆去，好久才能入睡。

第二天一早，木兰跑到爸爸床前，央求爸爸让她代替他去参军：“爸爸，家中没有兄长，我就是家中的顶梁柱，弟弟总说我打猎穿男装的时候特别像男孩，总叫我哥哥，我乔装打扮后，别人肯定看不出来的。”爸爸一再拒绝木兰，妈妈也不同意木兰上战场，但是爸爸现在确实无法下床行走，更别提骑马征战了。终于，父母架不住木兰的几番央求同意了，一再嘱咐她一定要注意安全。弟弟舍不得姐姐离开，抱着姐姐哭，木兰安慰弟弟：“姐姐一定早点回来。等姐姐回来，给你讲战场上的故事，带你骑马射箭。”

机会总是留给有准备的人，木兰的坚持让她得到了难得的机会。

2.2 看程序

扫描二维码，按以下方法操作，可以看到本案例的呈现效果。

1）点击 ▶运行 按钮，启动程序。

2）点击“木兰”角色，呈现“木兰”造型，如图 2-1 所示。

图 2-1 “木兰”造型

3）点击“爸爸”角色，呈现“爸爸”造型，如图 2-2 所示。

图 2-2 “爸爸”造型

2.3 学设计

这个程序展示了木兰决心“替父从军”的场景，设计思路和实现方法如下。

1）布置舞台场景。

2）创建“木兰”和“爸爸”两个角色。

3）“木兰”走到“爸爸”的床前。

4）“爸爸”在床上坐起。

5）“木兰”首先提出要替父从军的想法。

6）根据场景需要设计等待时间，让“爸爸”提出问题。

7）多次重复，完成两个角色的对话过程。

2.4 编写程序

若想实现“替父从军”程序模块的功能，具体方法如下。

2.4.1 动动手：布置舞台

首先需要准备好本案例所需资源“2. 替父从军”文件夹，再利用这些资源布置舞台。

按如下流程操作：

1）点击“文件”菜单，选择“从电脑导入”命令，如图 2-3 所示。

图 2-3 选择“从电脑导入”命令

2）在弹出的“打开文件”对话框中，找到编程资源“2. 替父从军”文件夹，选择“2. 替父从军 – 基础案例 .ppg”文件，点击“打开”按钮，完成“2. 替父从军 – 基础案例 .ppg”文件的导入操作，如图 2-4 所示。

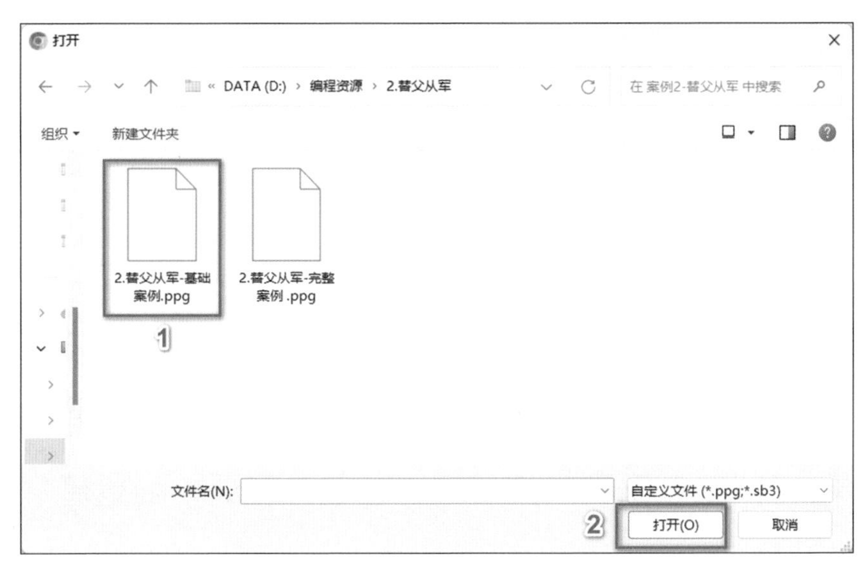

图 2-4　选择“2. 替父从军 – 基础案例 .ppg”文件

上述操作完成后，布置的舞台效果如图 2-5 所示。

图 2-5　舞台效果

2.4.2 动动手：搭积木

按如下流程操作完成“替父从军”的积木搭建。

1. 编写“木兰”的动作积木

程序运行后，“木兰”从门口来到“爸爸”床前。我们通过切换“木兰”的造型来实现“木兰”走路的动画效果。“木兰”来到床前，与“爸爸”对话，商量替父从军的事情。

1）点击“已选素材区”的“木兰”，将鼠标移至“事件”类积木中找到 当 ▶ 被点击 ，把它拖曳到积木块编辑区。

2）在“控制”类积木中找到积木 重复执行 10 次 ，它的作用为按照设置的次数重复执行其中的积木命令，把它拖曳到积木块编辑区中 当 ▶ 被点击 的下方，将积木 重复执行 10 次 中的“重复执行”设置成 20 次。重复次数可以根据实际效果进行调整，如图 2-6 所示。

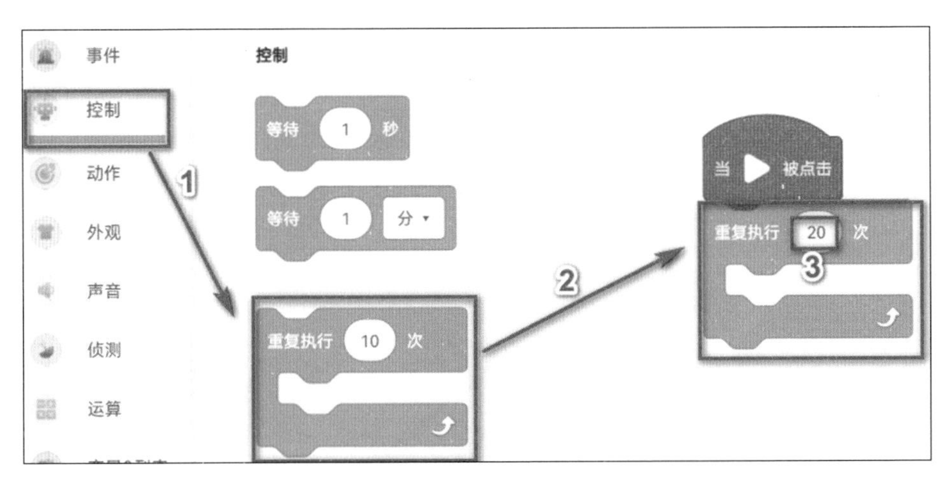

图 2-6　拖曳“重复执行 10 次”积木

3）在“外观”类积木中找到积木 下一个造型 ，把它拖曳到积木块编辑区的积木中，如图 2-7 所示。

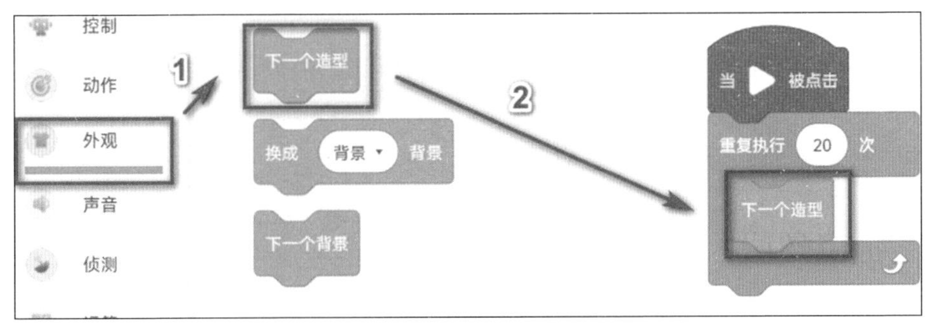

图 2-7　拖曳“下一个造型”积木

4）在“控制”类积木中找到积木 等待 1 秒 ，把它拖曳到积木块编辑区积木 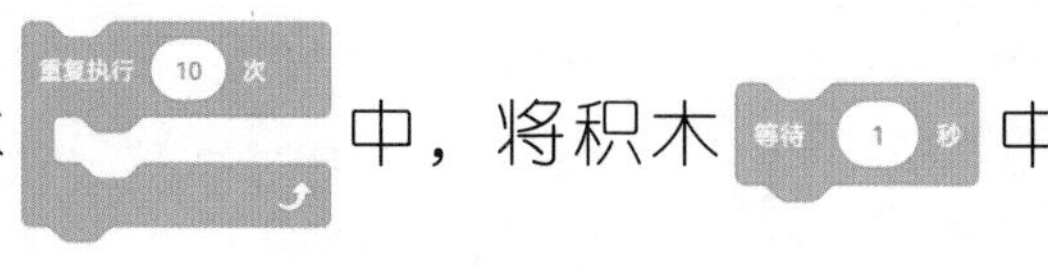 中，将积木 中的等待时间设置为 0.25 秒，如图 2-8 所示。

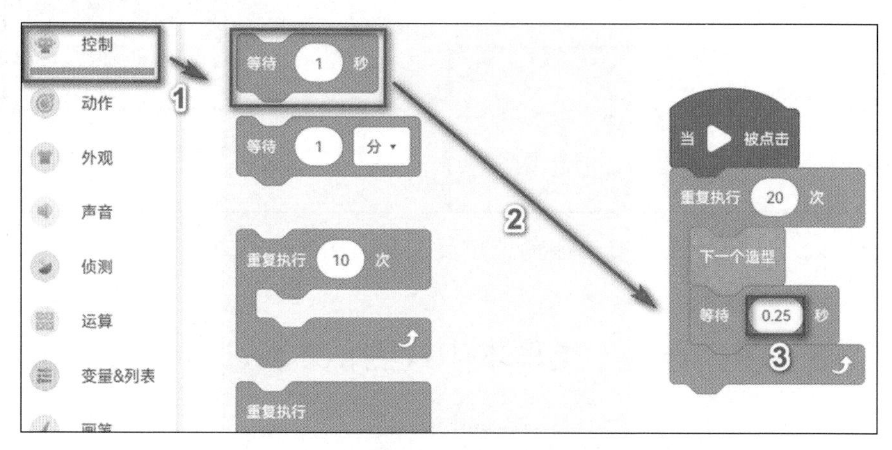

图 2-8　拖曳“等待 1 秒”积木

5）下面我们来设置“木兰”移动到“爸爸”床前的动作积木。由于移动的部分与造型切换是同时进行的，所以我们重新在“事件”类积木中找到积木 当 ▶ 被点击，把它拖曳到积木块编辑区，重新开启一段积木。

6）在“动作”类积木中找到积木 移到 x: -50 y: -50，拖曳到积木 当 ▶ 被点击 下方，设置为“移到 x：–260，y：–30”，可根据实际情况灵活调整初始位置，如图 2-9 所示。

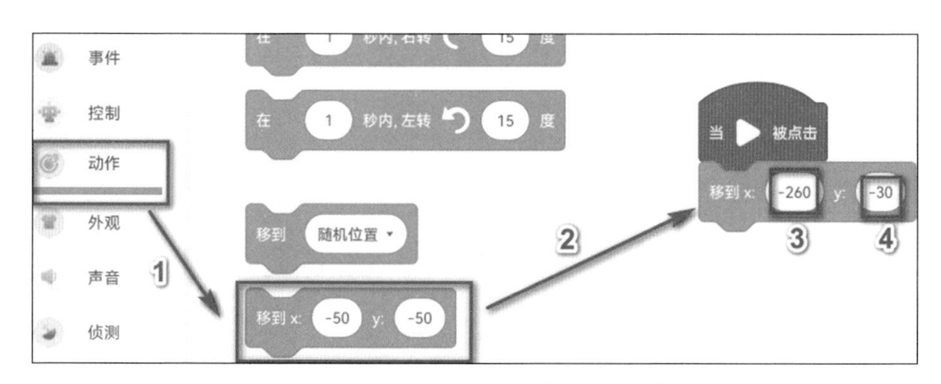

图 2-9　拖曳“移到指定坐标”积木

7）接下来，在“动作”类积木中找到积木 在 1 秒内滑行到 x: -50 y: -50，设置为“在 5 秒内，滑行到 x：-50，y：-50”，为了使实现效果更好可以重新调整时间和到达的位置，如图 2-10 所示。

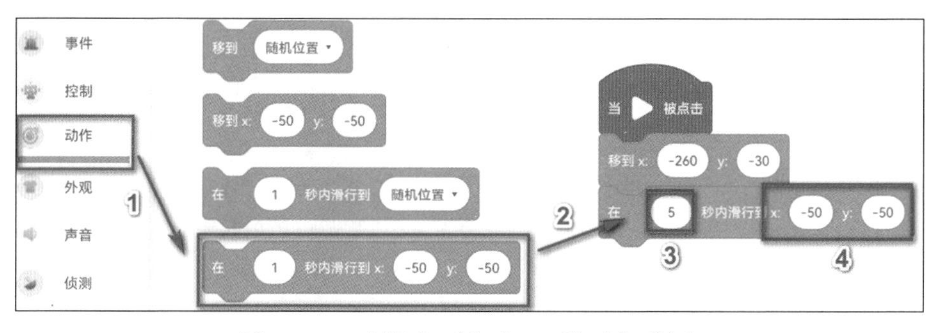

图 2-10　“指定时间间隔移动”积木

8）在“外观”类积木中找到积木 说 你好! 2 秒，把它拖曳到积木 在 5 秒内滑行到 x: -50 y: -50 下方，将积木 说 你好! 2 秒的文字设置为“爸爸病重，出征就由兰儿代替吧！”，如图 2-11 所示。

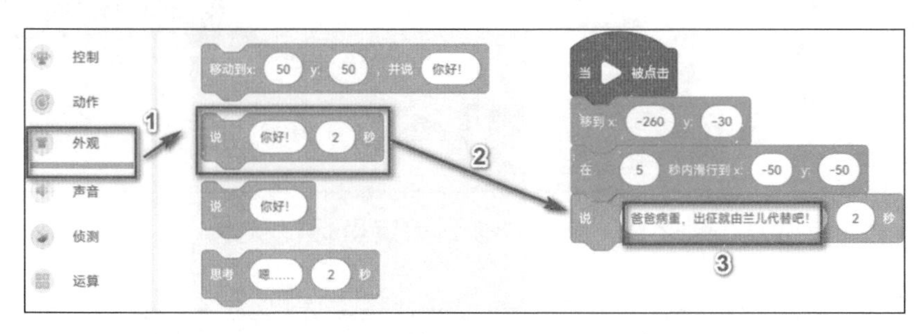

图 2-11　拖曳“对话”积木

9）在“控制”类积木中找到积木 等待 1 秒 ，放置到积木 说 爸爸病重，出征就由兰儿代替吧! 2 秒 下方，并设置积木 等待 1 秒 的等待时间为 4 秒，如图 2-12 所示。

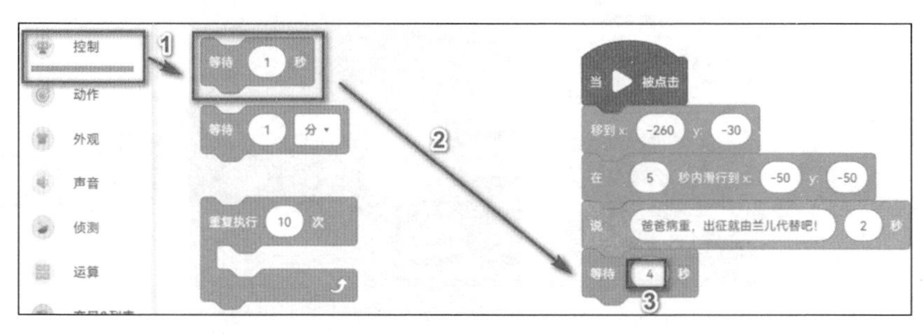

图 2-12　拖曳“等待 1 秒”积木

10）重复步骤 8）、9）两次，将积木 说 你好! 2 秒 的文字设置分别设置为“兰儿骑术射术都比男孩子强，穿上军装不会被看出来的！”和“爸爸放心，兰儿一直在努力，一定会凯旋的。”，将积木 等待 1 秒 的等待时间分别设置为 4 秒和 3 秒。设置完成后效果如图 2-13 所示。

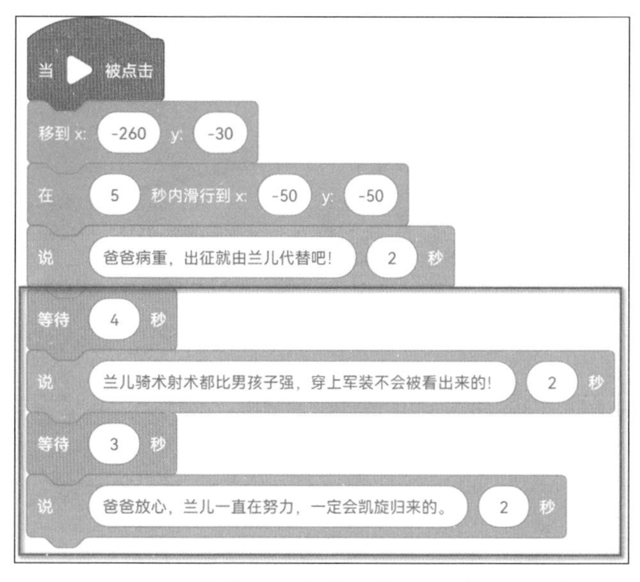

图 2-13　拖曳“对话”和“等待”积木

2. 编辑“爸爸”的动作积木

“爸爸”躺在床上准备睡觉，听到“木兰”的声音，“爸爸”坐了起来，与“木兰”开始对话。

1）点击“已选素材区”的“爸爸”，将鼠标移至“事件”找到积木 当 被点击 ，把它拖曳到积木块编辑区。

2）在“控制”类积木中找到积木，把它放置到积木下方，并设置积木的等待时间为6秒，如图2-14所示。

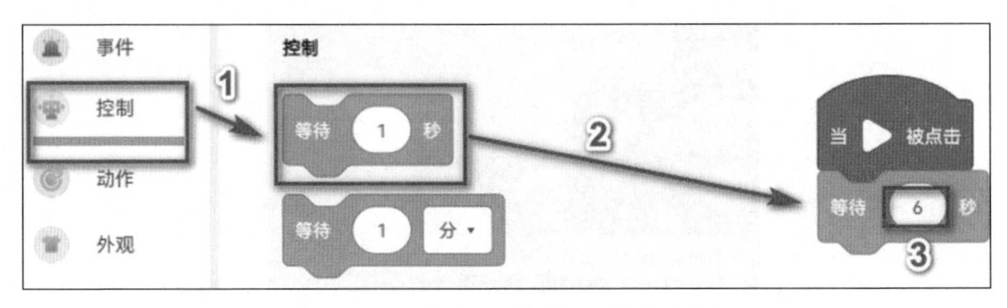

图 2-14　拖曳“等待 1 秒”积木

3）设置“爸爸”坐起的造型变化。在“外观”中找到积木，把它拖曳到积木下方。切换积木为“爸爸 2”，如图 2-15 所示。

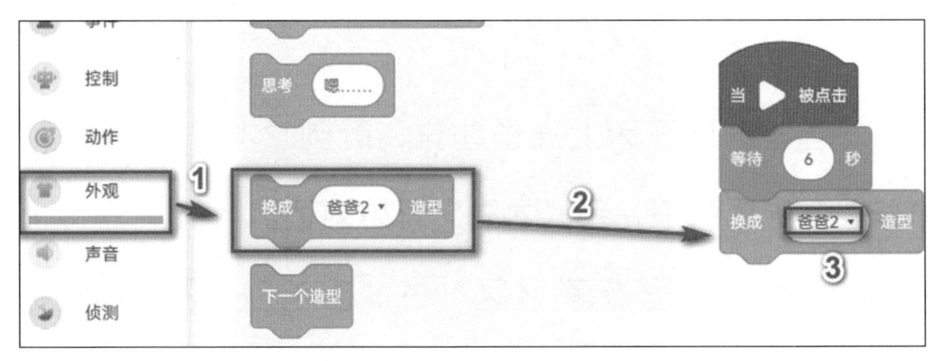

图 2-15　拖曳“切换造型”积木

4）设置“爸爸”与“木兰”的对话。在“控制”类积木中找到积木 等待 1 秒 ，把它放置到积木 换成 爸爸2 ▾ 造型 下方，并设置积木 等待 1 秒 的等待时间为 2 秒，如图 2-16 所示。

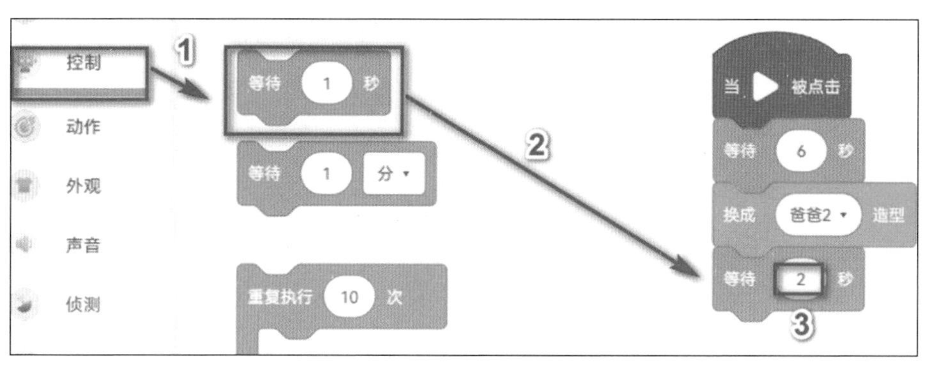

图 2-16　拖曳“等待 1 秒”积木

5）在“外观”类积木中找到积木 说 你好! 2 秒 ，把它拖曳到积木 等待 2 秒 下方，将积木 说 你好! 2 秒 的文字设置为“兰儿你是女孩子，怎么能替父从军呢?”，如图 2-17 所示。

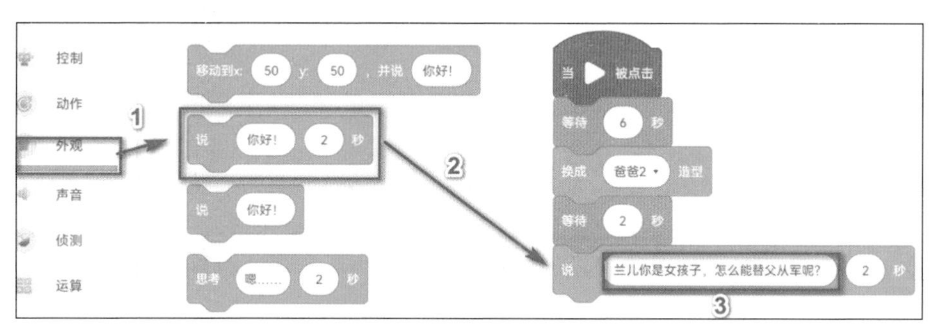

图 2-17　拖曳“对话”积木

6）重复步骤 4）、5）两次，将积木 说 你好! 2 秒 的文字设置分别设置为“兰儿，这一路会十分危险，你足够勇敢吗?”和“兰儿一定注意安全啊!”，并将积木 等待 1 秒 的等待时间分别设置为 4 秒和 3 秒。设置完成后效果如下图 2-18 所示。

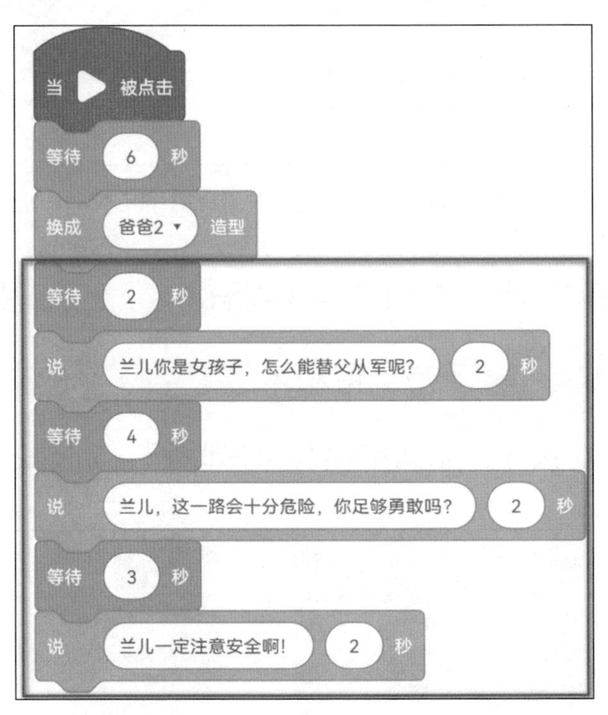

图 2-18　拖曳“对话”与“等待”积木

3. 运行程序

点击舞台编辑区的 ▶运行 按钮，可以看到“木兰”走到“爸爸”床前。听到“木兰”的声音，“爸爸”起身与“木兰”商量事情。

本案例角色“木兰”的最终代码如图 2-19 所示。

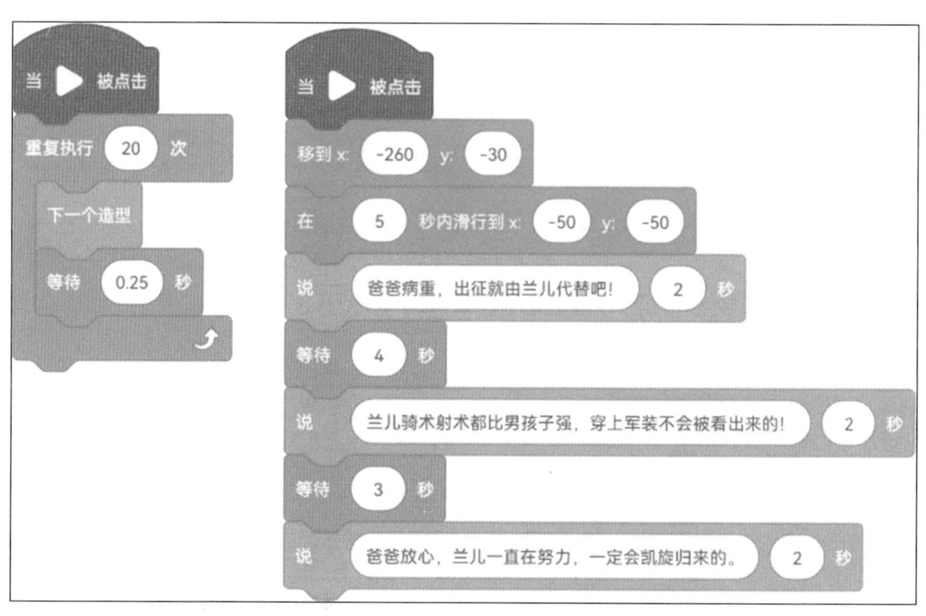

图 2-19 “木兰”最终代码

本案例角色“爸爸”代码最终代码如图 2-20 所示。

第2章 替父从军

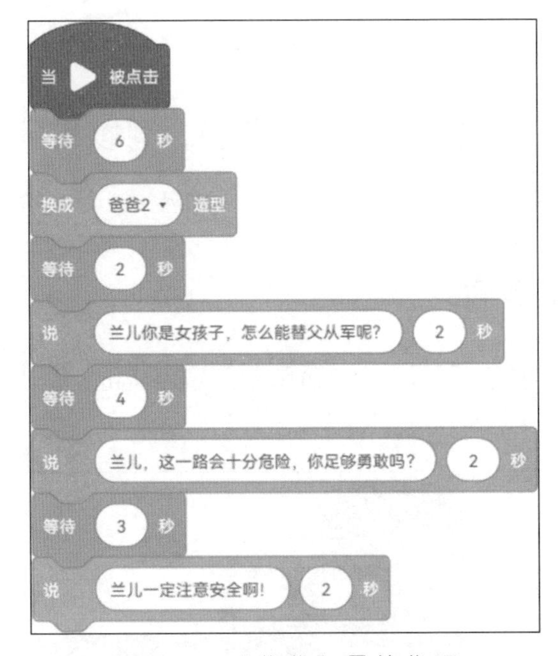

图 2-20 “爸爸”最终代码

程序代码运行效果如图 2-21 所示。

图 2-21 程序运行最终效果

现在已经完成了所有编程创作，检查一下和演示程序是否一致。

2.4.3 动动手：保存作品

参考第 1 章的两种方法、将这个新作品保存至专属文件夹或个人中心。

2.5 理一理：编程思路

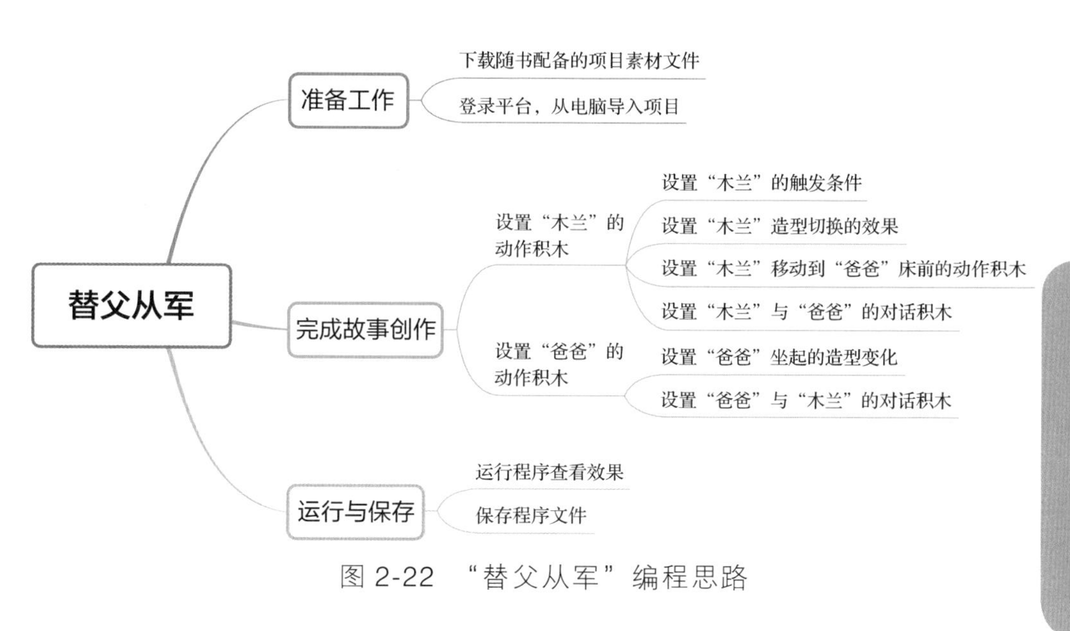

图 2-22 “替父从军”编程思路

2.6 学做小小程序员

通过学习本案例，我们获得了以下知识。

1. 角色造型的切换

通常，一个角色在不同故事节点会有不同造型，所以我们利用积木 下一个造型 来实现同一角色不同造型的切换。在“替父从军”中，当“木兰”走近，“父亲”需要从“躺平”造型切换到“坐起”造型。提前将“父亲”的两个造型导入到平台中，利用积木 下一个造型 实现“父亲”造型的切换。

2. 角色的属性及控制

角色的属性有很多种，如角色名称、位置坐标（x 坐标、y 坐标）、显示或隐藏状态、大小、方向、造型等。我们通过积木来控制这些属性的变化。在“替父从军”中，“木兰”从远处走到床边，这个过程涉及角色位置的移动。这里使用积木 在 1 秒内滑行到 x: -177 y: -83 设定目标的坐标和移动时间，实现“木兰”的行走。

3. 多角色设置

在一个程序中，通常会拥有多个角色，它们之间会发生交互动作，需要大家在开始编程前，规划好事件发生的顺序和时间点。在“替父从军”中，包含两个角色，并且这两个角色发生的事件是互相影响的，例如，当“木兰”走近“父亲”床边，“父亲”的姿势和状态才会发生变化。

4. 循环结构

循环结构是三大基本程序结构之一，当程序中需要反复执行一定数量的积木时，我们就要用到循环结构。在“替父从军”中，“木兰”行走时就需要反复更换造型来达到行走的动态效果，这时我们就要用到积木 

。

2.7 走近信息科学

在日常生活中，我们需要关注的一个重要问题就是安全，包括人身安全、财产安全和信息安全等。信息安全在信息化社会中显得尤为重要，尤其是对于掌握一定编程知识的小朋友们来说。在互联网上，存在着各种恶意软件和黑客攻击，这些都可能造成我们的信息泄露。因此，在编程学习过程中，我们也需要了解如何保护自己的信息安全。

信息安全相关的内容很多，包括密码安全、网络环境安全和用户隐私安全等。其中，密码安全是信息安全的关键。我们通常设置较为复杂的密码，也就是所谓的强密码，来保护日常生活中的各类账号。在各个网络平台注册账号时，应该尽量将密码设置到一定长度，同时综合使用大小写字母、数字、特殊符号等增加复杂性，同时要避免在多个账号之间重复使用相同的密码。利用上述方式，我们可以更有效地防止账户被黑客盗取，从而守护自身的网络信息甚至生命财产的安全。

网络环境安全同样不容忽视。我们在公共场所连接公共无线网络时，手中的智能设备往往面临很大的网络安全风险。在不安全的的网络环境下，数据流量可能会被窃取或者篡改，甚至在进行交易时，也可能泄露银行卡密码等敏感信息。除了通过网络环境导致的隐私泄露，我们在日常生活中也要加强对个人隐私信息的保护。在浏览网站或使用应用程序时，有时需要提供一些个人信息，如真实姓名、出生日期等。我们应该认真思考提供这些信息的必要性和合理性，并确保只提供必要的信息。同时，我们还需要选择值得信任的网站和应用程序，并明确了解他们的隐私政策，这样才能更好地保护自己的隐私信息。

信息安全往往被人们忽视，但随着互联网技术的快速发展，信息安全问题带来的威胁也越来越严重。因此，我们每个人都应该深刻认识信息安全的重要性，持续关注和学习信息安全，不断完善自我防护措施，从而更好地保护自身与我们身边人的信息安全，避免遭受不必要的损失和伤害。

第 3 章

巧遇坐骑

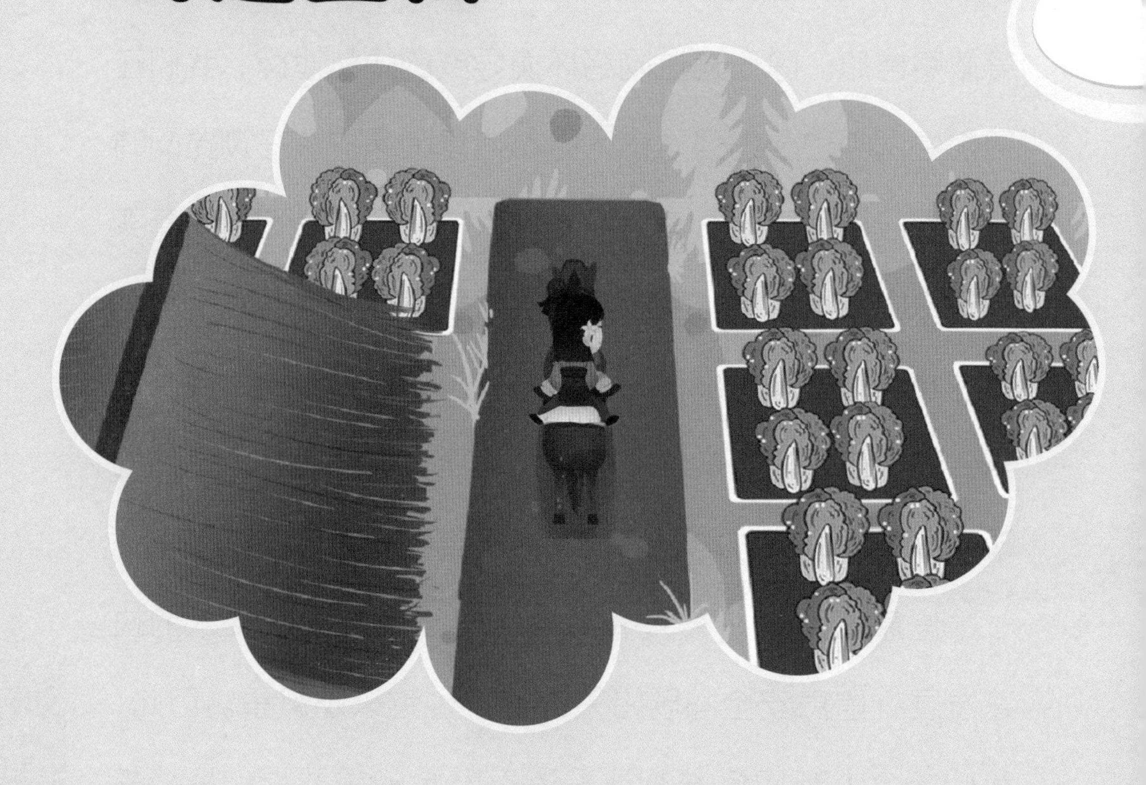

东市买骏马，西市买鞍（ān）鞯（jiān），南市买辔（pèi）头，北市买长鞭（biān）。

——《木兰辞》

3.1 讲故事

木兰回到房间收拾自己的行李。过了一会儿，爸爸拖着病体，在妈妈和弟弟的搀（chān）扶下走到她的房间，说道：“兰儿啊，咱家的马陪着我征战沙场多年，现在年龄太大了，是时候挑选一匹你自己的战马了。爸爸列了个单子，待会儿你带着荣儿，把必备的物品买回来吧！”“谢谢爸爸，我现在就去！”木兰拉着弟弟，一溜烟地向市场飞奔而去。

木兰去城里的各个集市挑选骏马、马鞍（ān）、缰绳和马鞭（biān）。两个人在市场中搜寻心仪的骏马，但是寻找了许久，木兰都不满意，忽然看到一匹矮小的马，它身上都是花斑，可能是因为卖相不好，被拴在角落。

木兰从小就跟爸爸学习，了解马的特性，她看到这匹马虽然矮小但四肢粗壮，跑起来肯定很轻盈，非常适合自己。两人没有任何犹豫就买下了它，并给它取名为花花。拥有了自己的战马，木兰非常开心。

两人骑着花花回到家里。弟弟将花花牵进马棚，装上新马鞍，然后姐弟俩骑着花花在自己家的院里，从围栏这头跑到那头，来回往复，开心得不得了。

玩累了之后，木兰进屋换军装，荣儿则蹦蹦跳跳地回到屋里，等着“木兰哥哥”。木兰穿着爸爸的旧战袍走出房间，妈妈和弟弟都惊呆了，没想到木兰竟然如此英武，仿佛天生就是个战士。爸爸望着木兰，眼中充满泪光，沉默了许久。木兰知道爸爸是担心自己的安危，冲到爸爸面前，全家人抱在了一起。

只有离开家的人，才能体会到家的温暖和可贵，有时可能只是一个瞬间，就能让你想到家人，并且泪流满面。

3.2 看程序

扫描二维码，按以下方法操作，可以看到本案例的呈现效果。

1）接下来让我们开始运行程序吧！点击 ▶运行 按钮，启动程序。

2）点击“花花”角色，呈现“花花”造型，如图 3-1 所示。

图 3-1 “花花”造型

3.3 学设计

这个程序展示了“木兰和弟弟骑战马花花”的场景，设计思路和实现方法如下。

1）布置舞台场景；

2）创建“花花”角色；

3）“花花”在程序运行最开始，站在起点；

4）用键盘控制“花花”移动：如果按下键盘“↑”，“花花”向上移动；如果按下键盘“↓”，“花花”向下移动；

5）判断“花花”是否碰到草地，如果碰到了，立即停止运行。

3.4 编写程序

若想实现“木兰和弟弟骑战马花花”程序模块的功能，具体方法如下。

3.4.1　动动手：布置舞台

首先需要准备好本案例所需资源“3. 巧遇坐骑”文件夹，再利用这些资源布置舞台。

按如下流程操作。

1）在图形化编程环境下，点击“文件”菜单，选择“从电脑导入”命令，如图 3-2 所示。

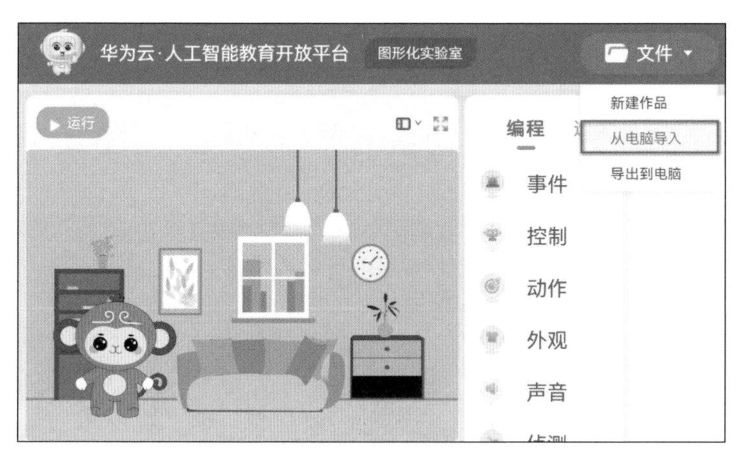

图 3-2　选择“从电脑导入”命令

2）在弹出的“打开文件”对话框中，找到编程资源“3. 巧遇坐骑”文件夹的位置，选择“3. 巧遇坐骑 - 基础案例 .ppg”文件，点击“打开”按钮，完成“3. 巧遇坐骑 - 基础案例 .ppg”文件的导入操作，如图 3-3 所示。

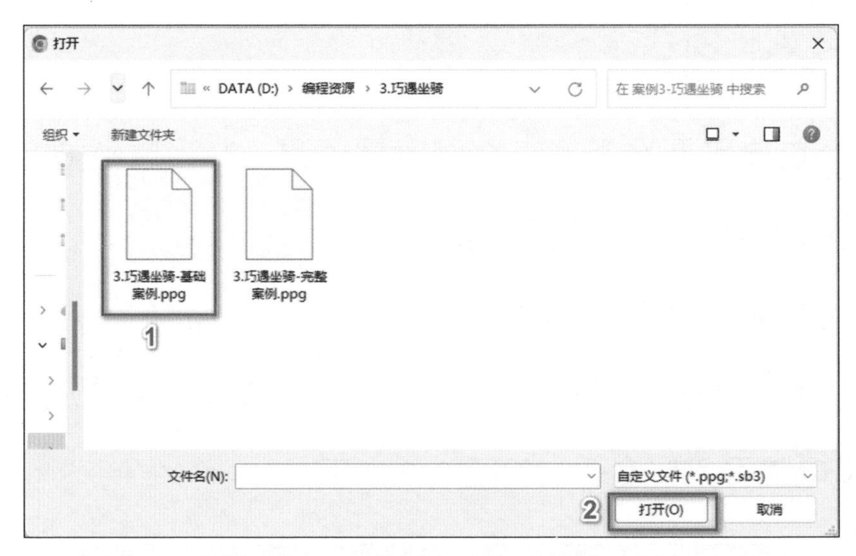

图 3-3　选择“3. 巧遇坐骑 – 基础案例 .ppg”文件

上述操作完成后，布置的舞台效果，如图 3-4 所示。

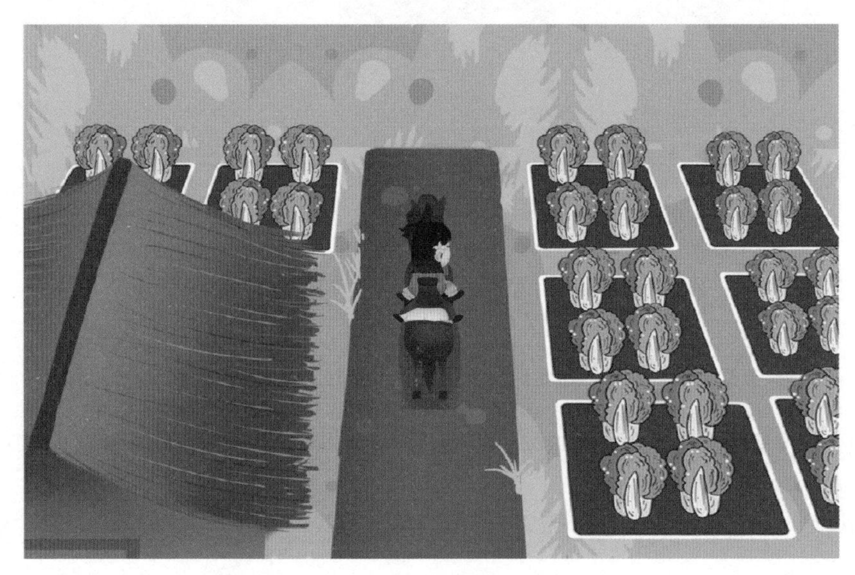

图 3-4　舞台效果

3.4.2 动动手：搭积木

按如下流程操作完成“巧遇坐骑”的积木搭建。

1. 编写“花花”的初始位置积木

1）设置“花花”的启动条件。点击“已选素材区”的“花花”，将鼠标移至“事件”类积木中找到积木 当▶被点击，把它拖曳到积木块编辑区。

2）设置“花花”的初始位置。在“动作”类积木中找到积木 移到x: 0 y: 0，把它拖曳到积木块编辑区中积木 当▶被点击 的下面。把积木中的x值设置为0，y值设置为0，如图3-5所示。

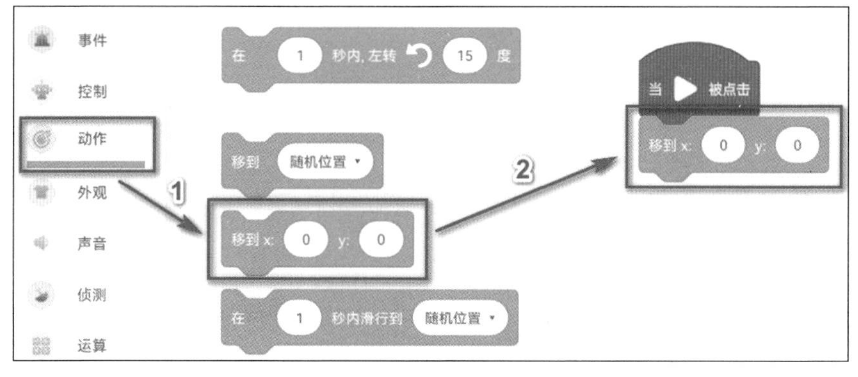

图 3-5 拖曳“移到指定位置”积木

2. 编写“花花”的动作积木

1）在“控制”类积木中找到积木 重复执行 ，把它拖曳到积木块编辑区积木 移到 x: 0 y: 0 的下面，如图 3-6 所示。

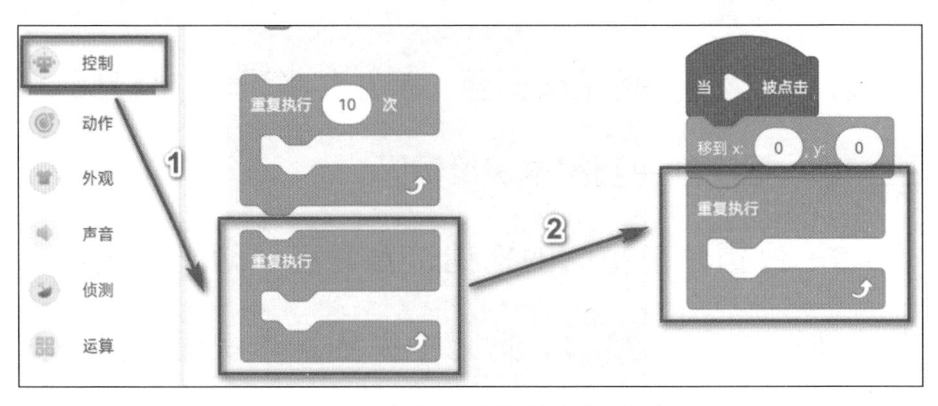

图 3-6　拖曳“重复执行”积木

2）在“控制”类积木中找到积木 如果 那么 ，把它拖曳到积木块编辑区积木 重复执行 中，如图 3-7 所示。

3）在“侦测”类积木中找到积木 按下 空格 键? ，把它拖曳到积木块编辑区中积木 如果 那么 的六边形条件框。将积木 按下 空格 ▾ 键? 的“按键”设置为“↑”，如图 3-8 所示。

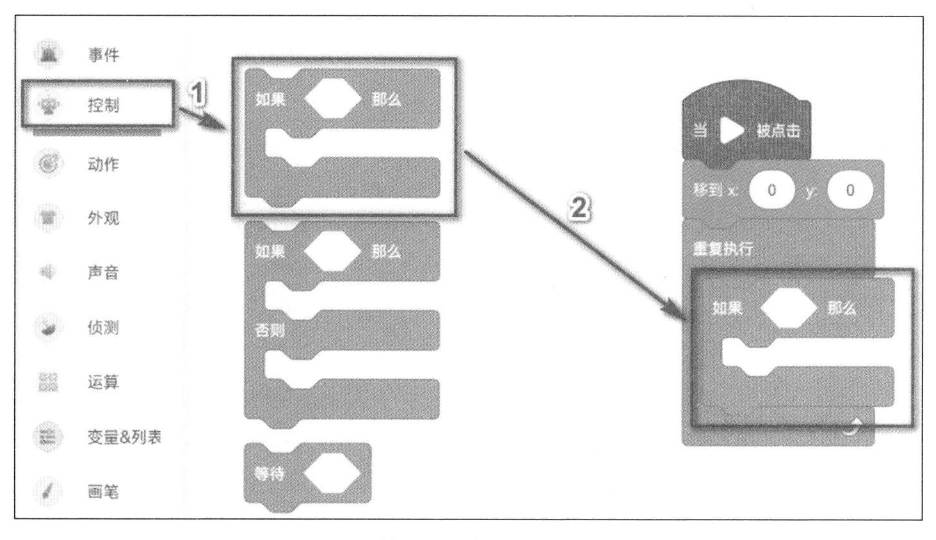

图 3-7　拖曳“条件判断”积木

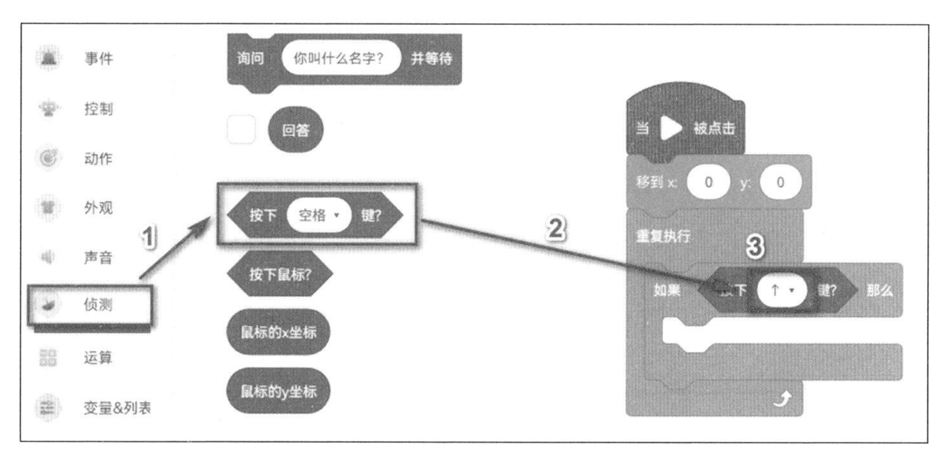

图 3-8　拖曳“是否按下空格键”积木

4）在“动作”类积木中找到积木 将y坐标增加 10 ，把它拖曳到积木块编辑区积木 如果 那么 中。把积木 将y坐标增加 10 数值设置成 10，如图 3-9 所示。

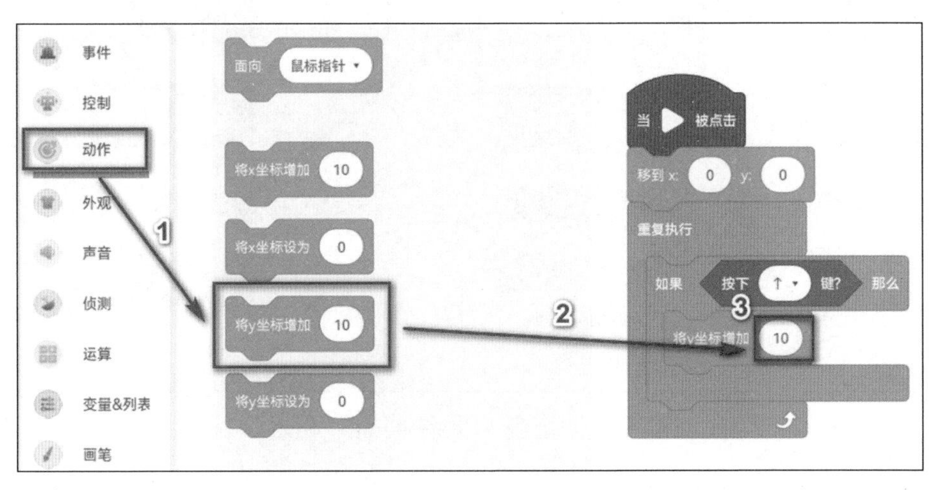

图 3-9　拖曳“将 y 坐标增加”积木

5）选中积木 如果 那么 点击鼠标右键，在弹出的菜单中选择“复制”，如图 3-10 所示。然后可得到一套与步骤 2）～ 4）操作相同的积木组合，把得到的积木组合拖曳到积木块编辑区积木 重复执行 中，放置到之前的积木组合下面。再将新积木组合中的积木 按下 ↑ 键? 的“↑”设置为“↓”，把积木 将y坐标增加 10 数值设置成 –10，如图 3-11 所示。

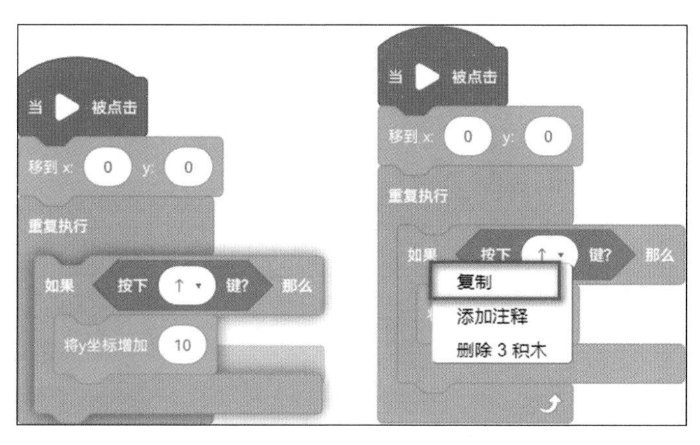

图 3-10　复制“侦测↑并移动”积木组

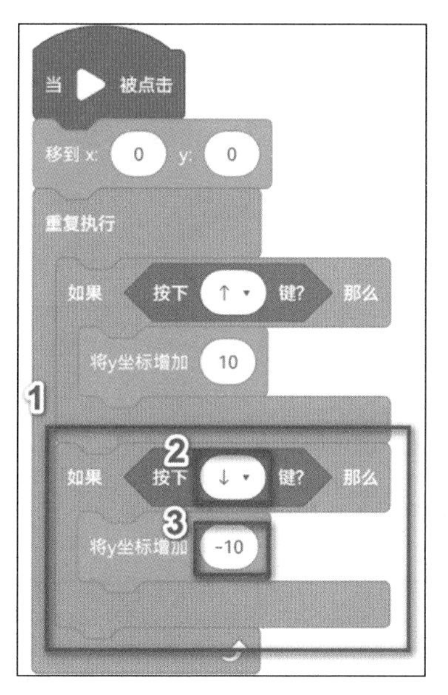

图 3-11　创建“侦测↓并移动”积木组

3. 编写“花花”脱离道路的事件积木

1）在“控制”类积木中找到积木，把它拖曳到积木块编辑区的积木中，再放置到“侦测↓并移动”积木组的下面，如图 3-12 所示。

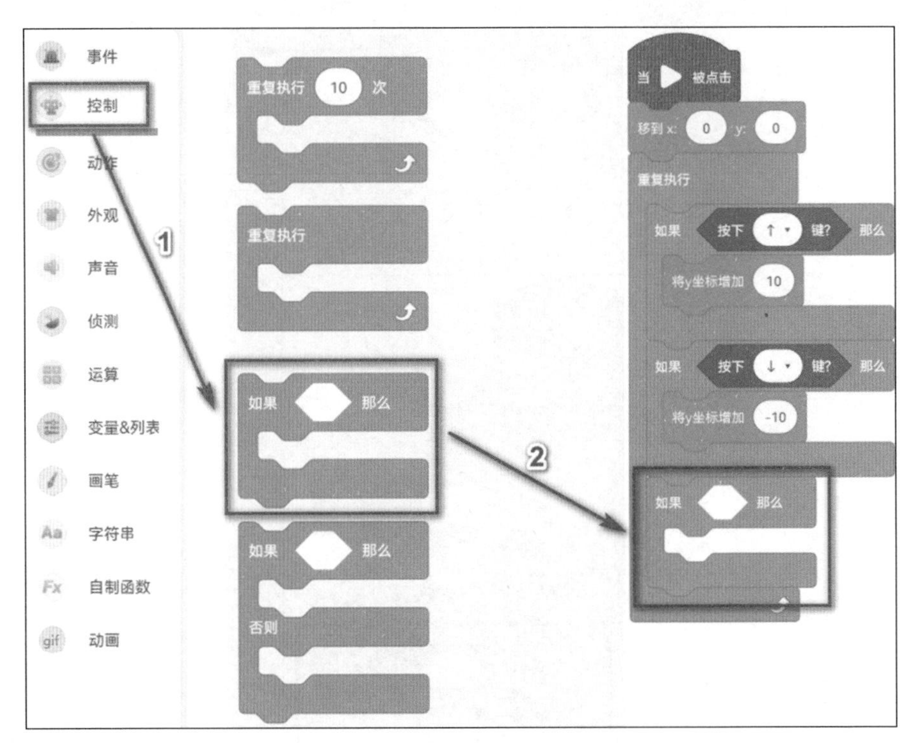

图 3-12　拖曳“条件判断”积木

2）在“运算”类积木中找到积木 不成立，把它拖曳到积木块编辑区积木 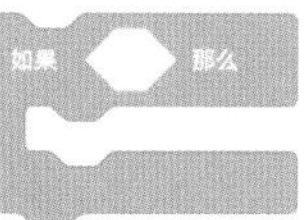

的六边形条件框中，如图 3-13 所示。

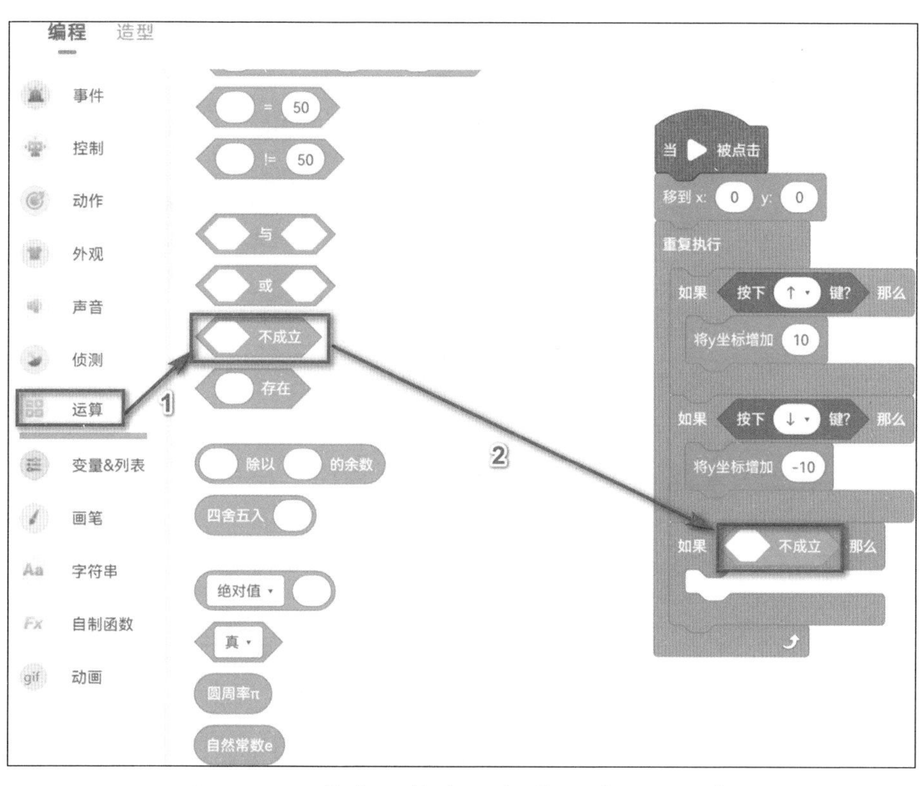

图 3-13　拖曳运算中“条件不成立”积木

3）在“侦测”类积木中找到积木 碰到颜色 ? ，把它拖曳到积木块编辑区积木 不成立 的六边形条件框中，如图 3-14 所示。

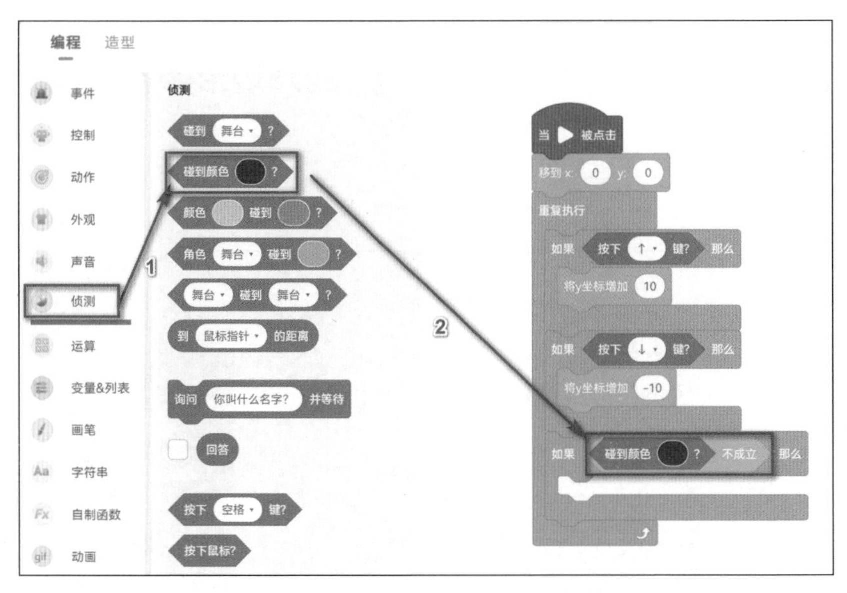

图 3-14　拖曳“是否碰到指定颜色”积木

点击积木 碰到颜色 ? 右侧的颜色栏，设置颜色为道路的颜色，如图 3-15 所示。

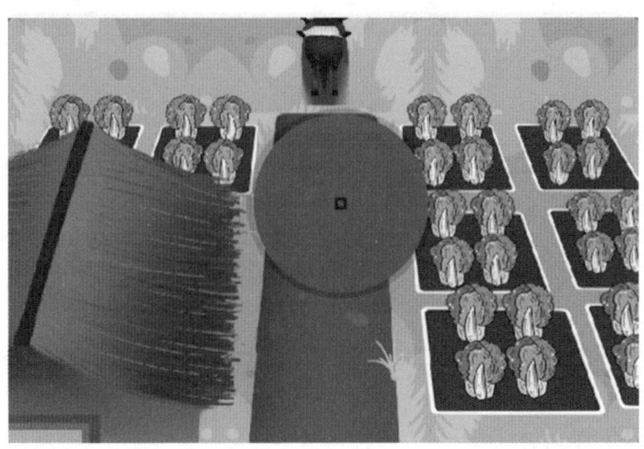

图 3-15　调整“指定颜色”为道路颜色

4）在“外观”类积木中找到积木 说 你好! 2 秒 ，把它拖曳到积木块编辑区的积木 如果 那么 中。将积木 说 你好! 2 秒 中的对话内容设置为“任务失败!”，如图 3-16 所示。

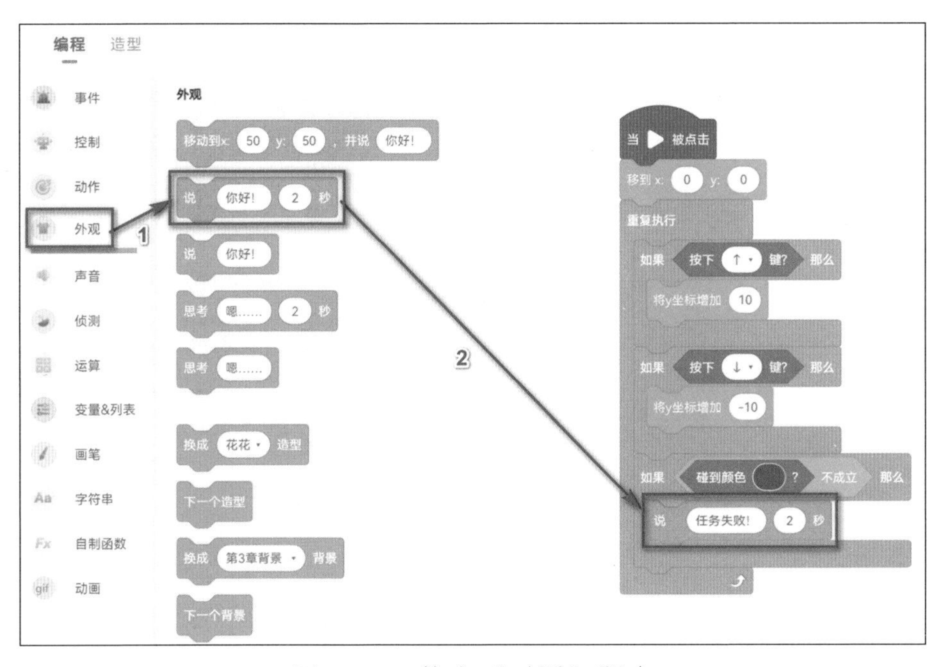

图 3-16　拖曳“对话”积木

5）在“事件”类积木中找到积木 停止 全部脚本 ，把它拖曳到积木块编辑区的积木 如果 那么 中，放置到积木 说 任务失败! 2 秒 下面，如图 3-17 所示。

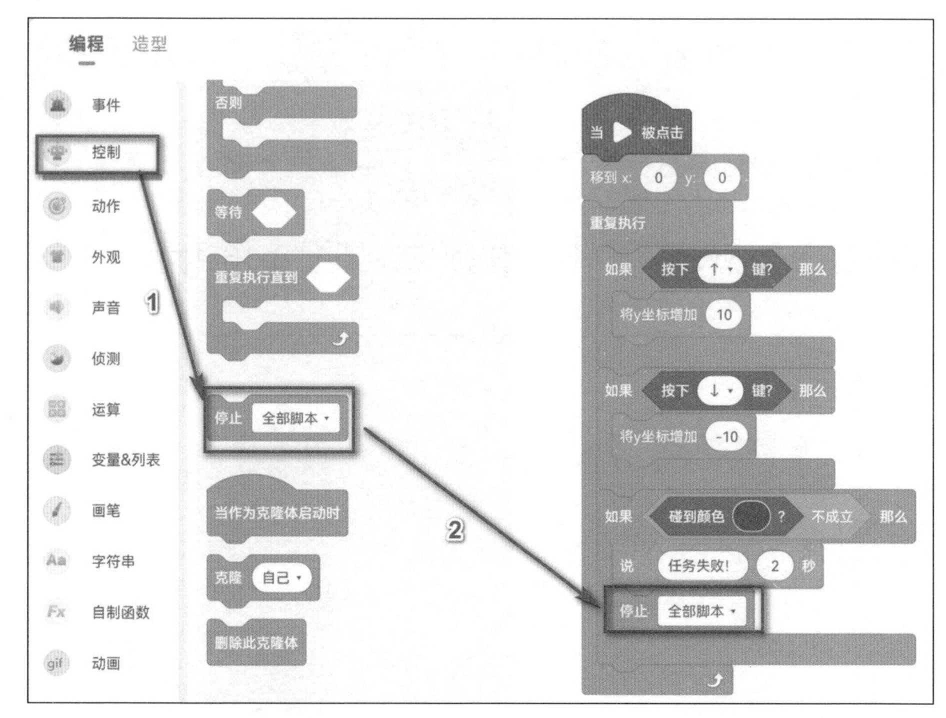

图 3-17 拖曳“停止全部脚本”积木

4. 运行程序

点击舞台编辑区的 ▶运行 按钮，将程序运行起来，通过按下键盘上的“↑”“↓”键来控制“花花”前后移动，一旦花花脱离了道路完全走到了草地即任务失败。

本案例角色“花花”的最终代码模块如图 3-18 所示。

程序代码运行效果如图 3-19 所示。

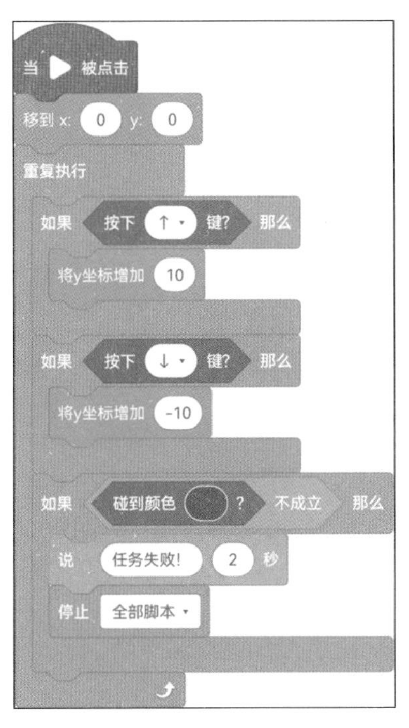

图 3-18 “花花”最终代码

图 3-19 程序运行最终效果

现在已经完成了所有编程创作，检查一下是否和演示程序一致。

3.4.3 动动手：保存作品

参考第 1 章的两种方法，将这个新作品保存至专属文件夹或个人中心。

3.5 理一理：编程思路

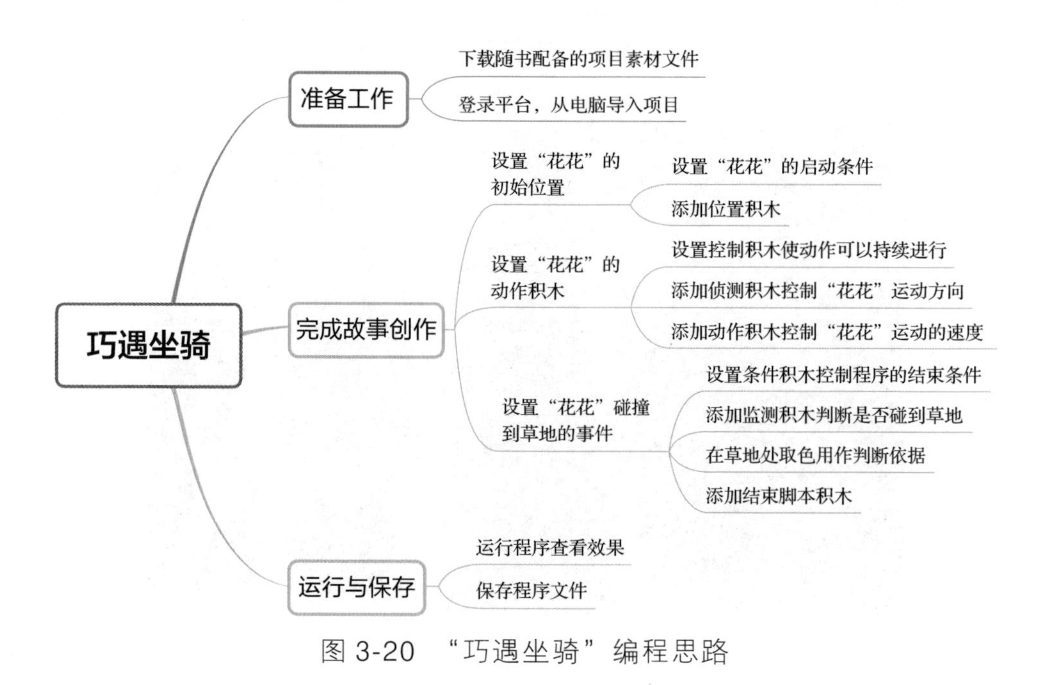

图 3-20 “巧遇坐骑”编程思路

3.6 学做小小程序员

通过学习本案例，我们获得了以下知识。

1. 侦测

在图形化编程中，侦测积木用来起到判断的作用。例如，角色是否碰到鼠标、舞台边缘或者某种颜色，以及按下键盘或鼠标将发生对应的事件等。侦测积木是一组比较特殊的模块，它是不能单独存在的，需要配合其他积木使用。在“巧遇坐骑”中，使用键盘控制“花花”移动时，用到了侦测积木 按下 ↑ 键? 和 按下 ↓ 键? ；在判断“花花”是否碰到草坪时，用到了侦测是否与颜色碰撞的积木 碰到颜色 ? 不成立 。

2. 分支结构

分支结构是程序的三大基本结构之一，它又称为选择结构，通过判断条件是否成立，来执行相应的程序，从而完成分支功能。“巧遇坐骑”中在判断程序是否停止脚本时用到了分支结构积木

，判断的条件为：当“花花”此时碰撞的颜色不再是土地时，就说明已经碰撞到了草地，所以程序脚本停止运行。

3. 数据运算

数据运算主要包括算术运算、关系运算和逻辑运算。这里主要用到了算术运算。算术运算一般指对数字或者变量按照一定计算顺序进行四则运算。“巧遇坐骑”中在利用键盘方向键对“花花”移动进行控制时，使用 将y坐标增加 10 ，实现了对 y 坐标的加减运算。

3.7 走近信息科学

信息管理是指对各种形式的信息进行有效地组织、存储、传输和利用的过程。在信息时代，信息管理已成为一项重要的技能，对于编程学习者来说更是必不可少的能力。

在编程中，信息管理是一项基本技能。程序员需要处理大量的数据，包括代码、图像、音频、视频等各种形式的信息。这些信息需要被有效地组织、存储和传输，以便程序员能够快速地访问和使用。信息管理的核心思想是分而治之，将大的信息拆分成小的信息，然后对每个小的信息进行分类和管理。

这种思想也会应用到编程过程中，在编写一个程序时，程序员需要将程序分解成多个模块，每个模块负责完成一个特定的功能。这种分解和分类的思想，可以使程序更加清晰、易于维护和扩展。同样地，在管理数据时，程序员也需要将数据按照一定的规则进行分类，以便能快速访问和使用。

信息管理的另一个重要方面是安全性。在信息时代，信息安全已成为一个极其重要的问题。程序员需要采取各种措施来保护信息的安全性，包括加密、备份、权限控制等。信息管理的安全性不仅仅是为了保护个人隐私和商业机密，还可以预防黑客攻击和病毒感染等安全问题的发生。

总之，信息管理是编程学习中必不可少的技能。对于青少年来说，理解信息管理的重要性，掌握信息管理的基本技能，将有助于他们更好地掌握编程知识和技能，并在未来的学习和生活中更加自信和独立。

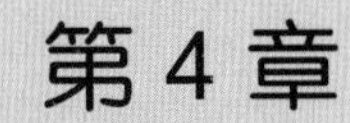

第4章

黄河垂钓

旦辞爷娘去，暮宿黄河边，不闻爷娘唤女声，但闻黄河流水鸣溅（jiān）溅。

——《木兰辞》

4.1 讲故事

木兰知道战争的危险，但更加担心父亲的安危，她暗下决心，一定努力凭借武艺立军功，为家族争光。临行前，爸爸送给木兰一幅家乡的画，让她想家的时候拿出画就能感受到家乡的温暖。木兰将行李收拾妥当，牵着花花，拿着军帖，与家人辞别，然后一个人依依不舍地离开了家，踏上了从军的路。

走了两天，木兰终于到了校（jiào）场，这里陆续来了许多参加征战的勇士。他们都是心地善良、为人忠厚，热爱家乡的人，当敌人入侵祖国的时候，他们都会勇敢地迎敌。点将的时候，大将军拓跋（bá）烈宣布，通过骑射比赛选拔军官。比赛的时候，木兰的骑射技术一流，技惊四座，大将军封她为百夫长，负责一百人的队伍。

此次战役的敌人是柔然，主要由北方的游牧民族组成。出征路上，木兰随军一路沿着黄河前进，到了傍晚就在河边安营扎寨。这是木兰第一次离家，行军路上的每一件事，都让她觉得很新鲜。沿着黄河，木兰听见了哗哗的流水声，见识了飞流直下的瀑布，认识了很多种鱼儿。

木兰的队伍中有个叫独孤征的小伙子，不仅游泳厉害，还特别会钓鱼，士兵们都特别喜欢他。木兰也十分羡慕他的钓鱼技术，便在独孤征钓鱼的时候跟他讨教，很快也学会了如何钓鱼。每天木兰都将钓上来的鱼分给队伍中的士兵，逐渐与大家熟悉起来，在队伍中建立起了威望，大家也都听从木兰的指挥。

大家都喜欢热爱分享的人。爱分享的人，往往会更容易成功。

4.2 看程序

扫描二维码，按以下方法操作，可以看到本案例的呈现效果。

1）接下来让我们开始运行程序吧！点击 ▶运行 按钮，启动程序。

2）点击“鱼儿”角色，呈现“鱼儿”造型，如图 4-1 所示。

图 4-1 “鱼儿”造型

3）点击“鱼钩”角色，呈现“鱼钩”造型，如图 4-2 所示。

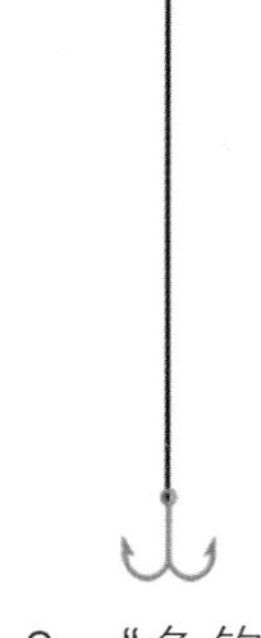

图 4-2 “鱼钩”造型

4.3 学设计

这个程序展示了“木兰黄河边钓鱼”的场景，设计思路和实现方法如下：

1）布置舞台场景。

2）创建“鱼儿”和“鱼钩”两个角色。

3）程序开始运行，“鱼儿”隐藏，舞台上只有“鱼钩”。

4）根据场景需要设计等待时间，在随机位置显示“鱼儿”。

5）“鱼儿”在舞台上随意游动。

6）“鱼钩”跟随鼠标的 y 坐标上下移动。

7）如果“鱼儿”与“鱼钩”碰撞，表示“鱼钩”钓到“鱼儿”了，程序结束。

4.4 编写程序

若想实现“木兰黄河边钓鱼”程序模块的功能，具体方法如下。

4.4.1 动动手：布置舞台

首先需要准备好本案例所需资源“4. 黄河垂钓”文件夹，再利用这些资源布置舞台。

按如下流程操作：

1）在图形化编程环境下，点击“文件”菜单，选择“从电脑导入”命令，弹出“打开文件”对话框，如图 4-3 所示。

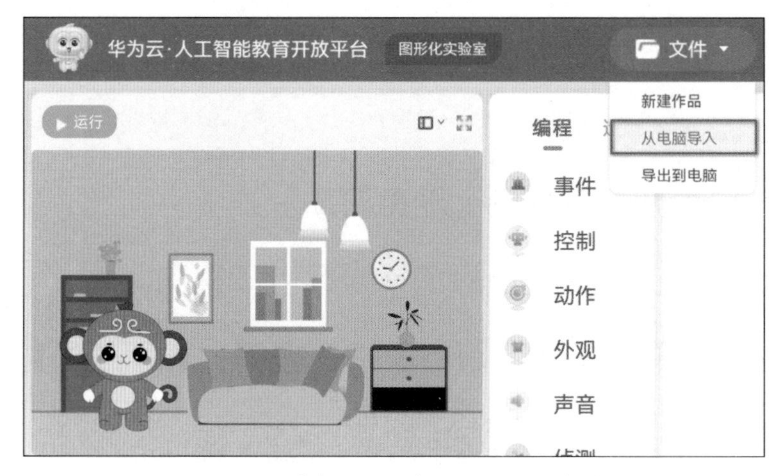

图 4-3 选择“从电脑导入”命令

2）在“打开文件”对话框中，找到编程资源“4. 黄河垂钓”文件夹的位置，选择“4. 黄河垂钓 – 基础案例 .ppg”文件，点击“打开”按钮，完成“4. 黄河垂钓 – 基础案例 .ppg”文件的导入操作，如图 4-4 所示。

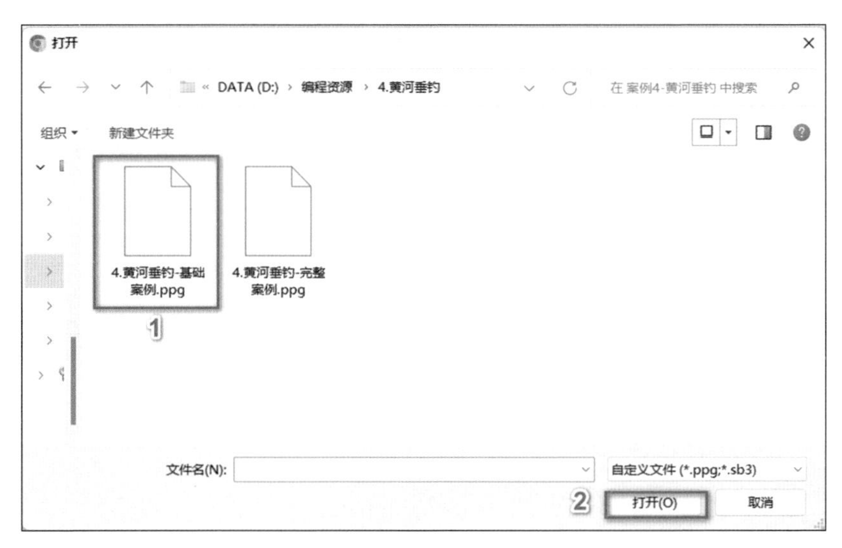

图 4-4　选择“4. 黄河垂钓 – 基础案例 .ppg”文件

上述操作完成后，布置的舞台效果，如图 4-5 所示。

图 4-5　舞台效果图

4.4.2 动动手：搭积木

按如下流程操作完成“黄河垂钓”的积木搭建。

1. 编写“鱼钩”的动作积木

1）设置“鱼钩”的启动条件。点击“已选素材区”的“鱼钩”，将鼠标移至“事件”类积木中找到积木，把它拖曳到积木块编辑区。

2）在“控制”类积木中找到积木，把它拖曳到积木块编辑区中积木的下面，如图 4-6 所示。

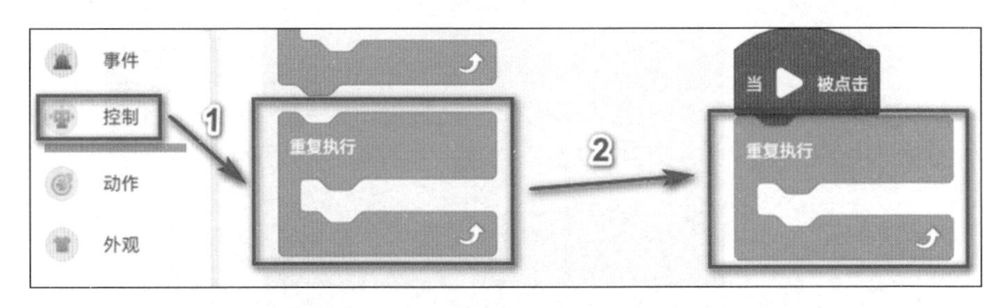

图 4-6　拖曳“重复执行”积木

3）设置“鱼钩”跟随鼠标移动的范围。在“控制”类积木中找到积木把它拖曳到积木块编辑区的积木中，如图 4-7 所示。

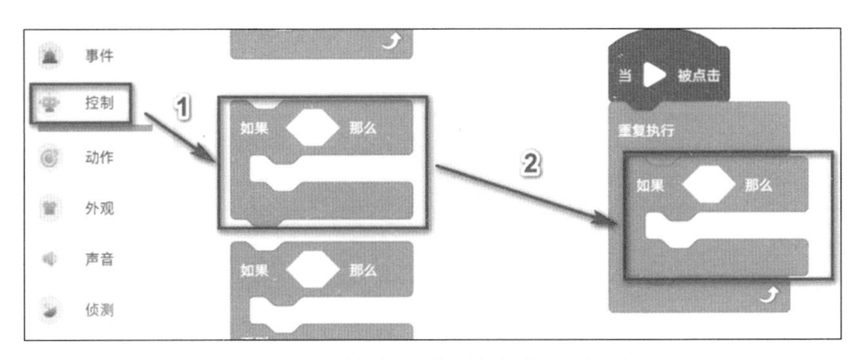

图 4-7　拖曳“条件判断”积木

在“运算”类积木中找到积木，把它拖曳到积木块编辑区中积木的六边形条件框里，将积木的数值区间设置为 0 到 300，如图 4-8 所示。

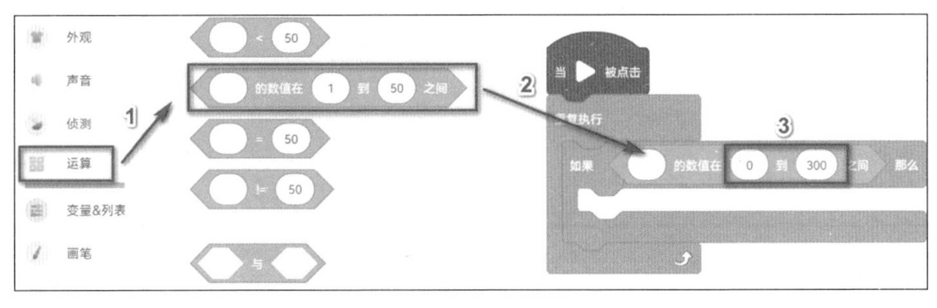

图 4-8　拖曳“变量指定数值区间”积木

在“侦测”类积木中找到积木 ，把它拖曳到积木块编辑区中积木 左侧的条件框中，如图 4-9 所示。

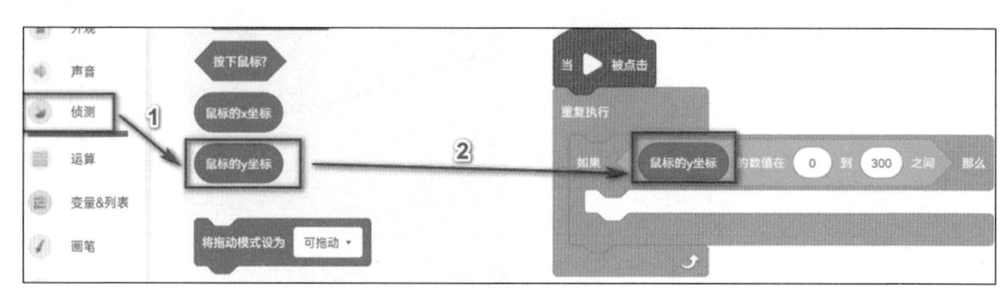

图 4-9　拖曳“鼠标的 y 坐标”积木

4）设置“鱼钩”跟随鼠标运动。在“动作”类积木中找到积木 ，把它拖曳到积木块编辑区的积木

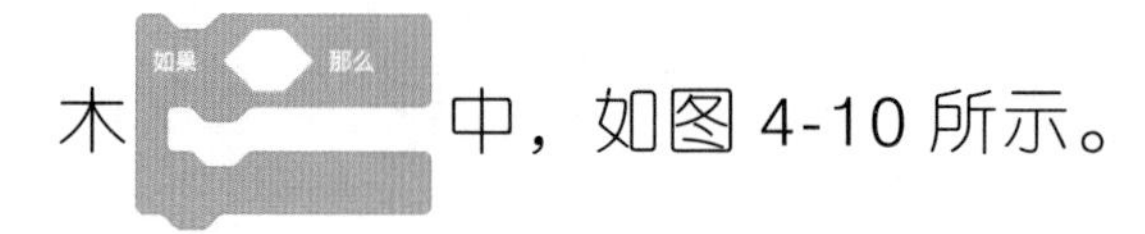

中，如图 4-10 所示。

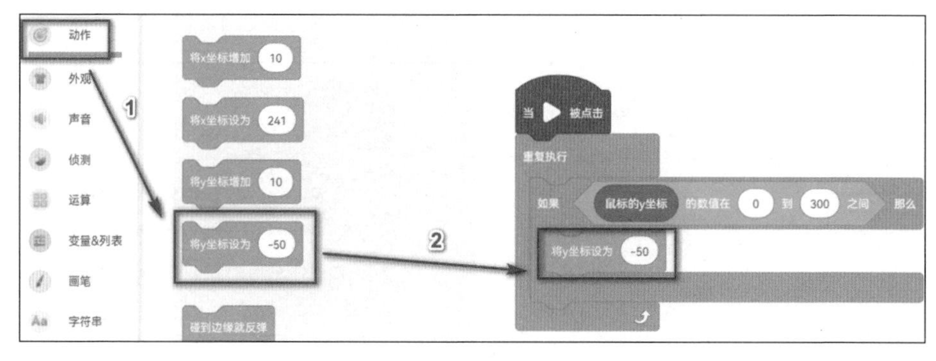

图 4-10　拖曳“将 y 坐标设为”积木

在“侦测”类积木中找到积木 鼠标的y坐标 ，把它拖曳到积木块编辑区中积木 将y坐标设为 -50 的数值栏，如图 4-11 所示。

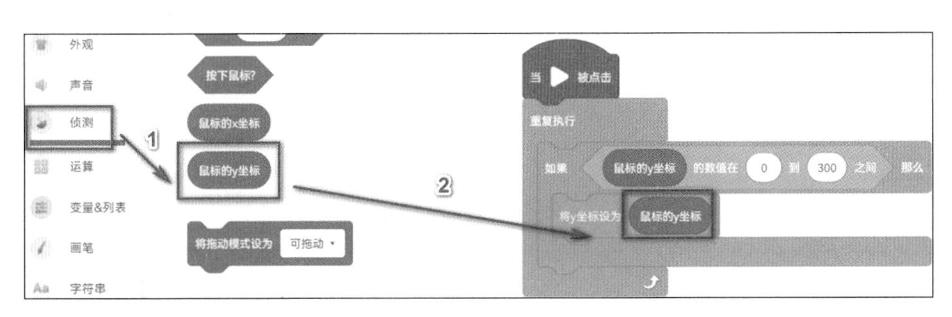

图 4-11　拖曳“鼠标的 y 坐标”积木

2. 编写“鱼儿”的初始动作积木

1）设置“鱼儿”的启动条件。点击“已选素材区”的“鱼儿”，将鼠标移至“事件”类积木中找到积木 当 ▶ 被点击 ，把它拖曳到积木块编辑区，如图 4-12 所示。

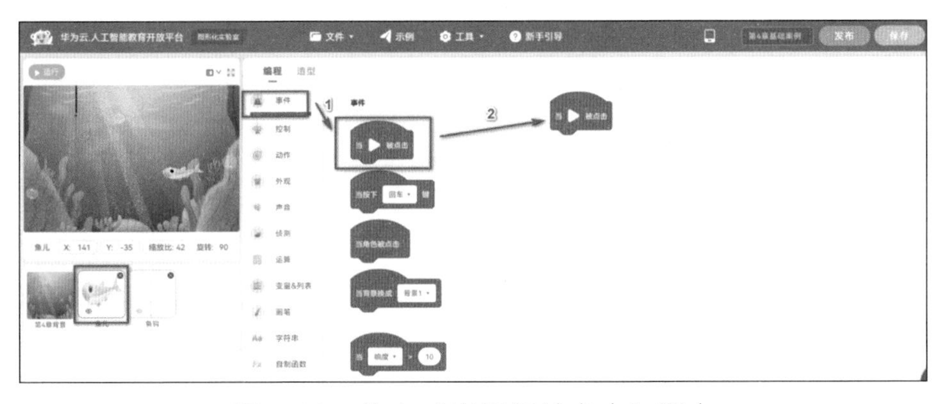

图 4-12　拖曳“当运行被点击”积木

2）设置“鱼儿”的初始显示状态。在“外观”类积木中找到积木隐藏，把它拖曳到积木块编辑区的积木

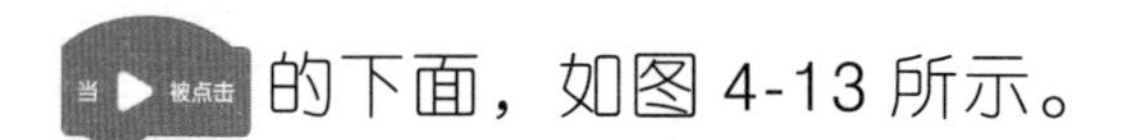

的下面，如图 4-13 所示。

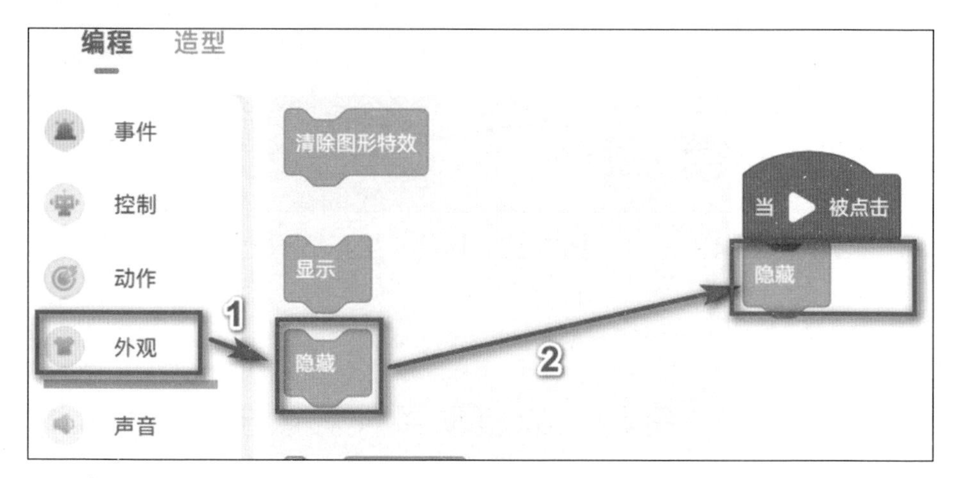

图 4-13 拖曳“隐藏”积木

3）设置“鱼儿”出现的时机。在“控制”类积木中找到积木等待 1 秒，把它拖曳到积木块编辑区的积木隐藏的下面，将积木等待 1 秒的等待时间设置为 2 秒，如图 4-14 所示。

4）设置“鱼儿”随机出现位置。在“控制”类积木中找到积木移到 随机位置，把它拖曳到积木块编辑区中积木

等待 2 秒 的下面，如图 4-15 所示。

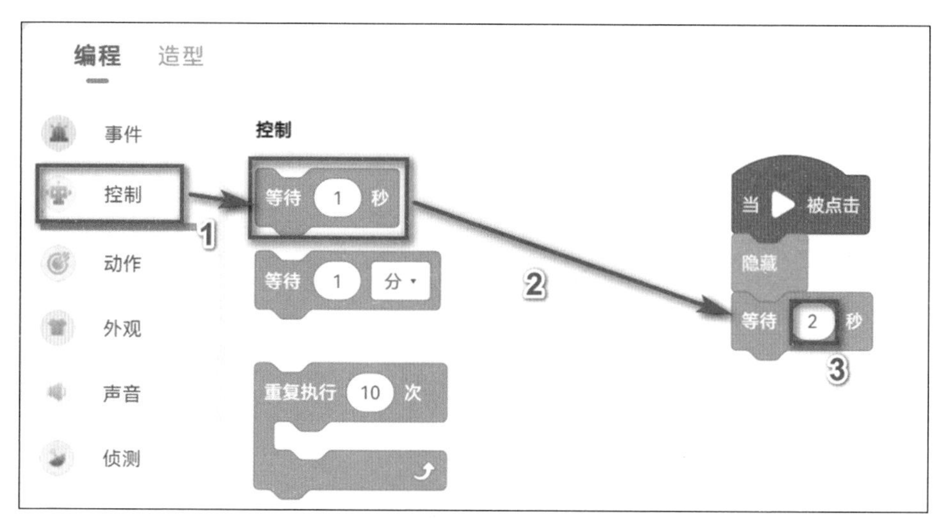

图 4-14　拖曳“等待 1 秒”积木

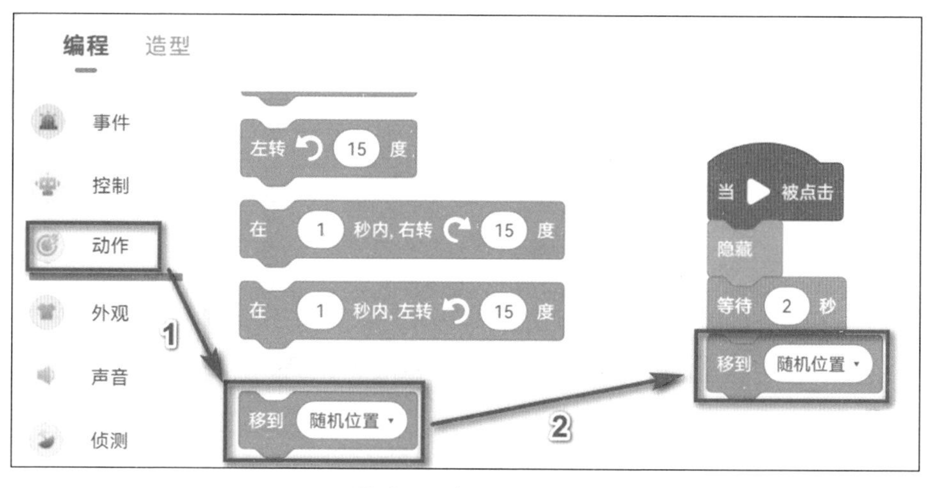

图 4-15　拖曳“移到随机位置”积木

5）设置“鱼儿”出现后显示状态。在“控制”类

积木中找到积木 显示 ，把它拖曳到积木块编辑区的积木 移到 随机位置 的下面，如图 4-16 所示。

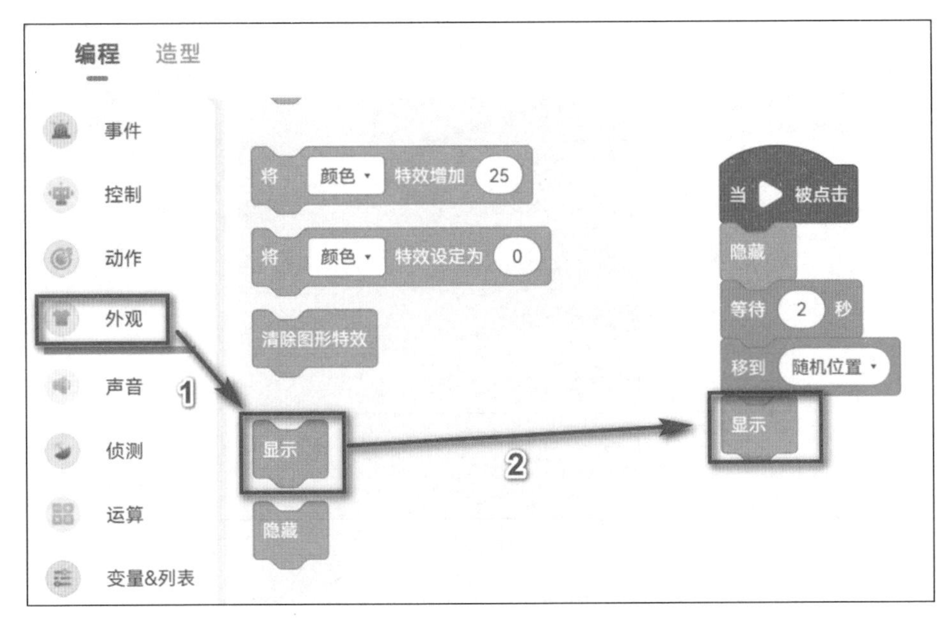

图 4-16　拖曳“显示”积木

3. 编写“鱼儿”脱离道路的动作积木

1）在“控制”类积木中找到积木 重复执行 ，把它拖曳到积木块编辑区的积木 显示 的下面，如图 4-17 所示。

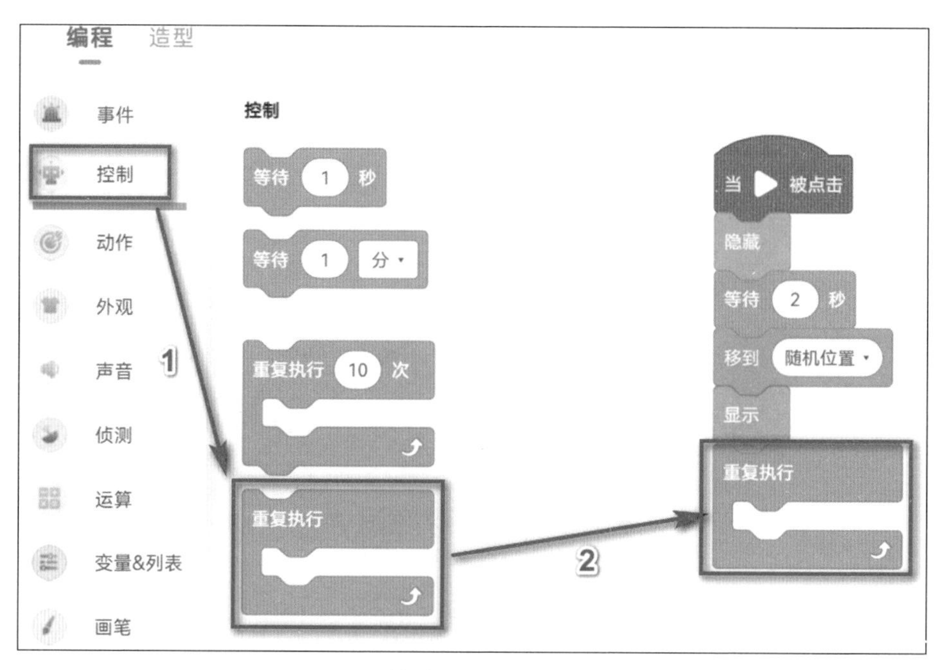

图 4-17　拖曳“重复执行”积木

2）设置“鱼儿”的运动。在“动作”类积木中找到积木 移动 10 步，把它拖曳到积木块编辑区的积木

中。将积木 移动 10 步 中的移动步数设置为 3，如图 4-18 所示。

3）设置“鱼儿”的边缘反弹。在“动作”类积木中找到积木 碰到边缘就反弹，把它拖曳到积木块编辑区的积木

中，放置到积木移动 3 步的下面，如图 4-19 所示。

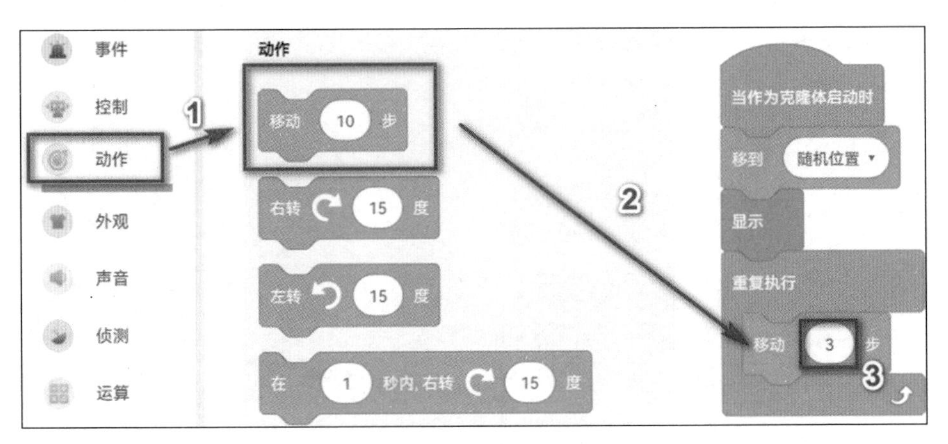

图 4-18　拖曳“移动 10 步”积木

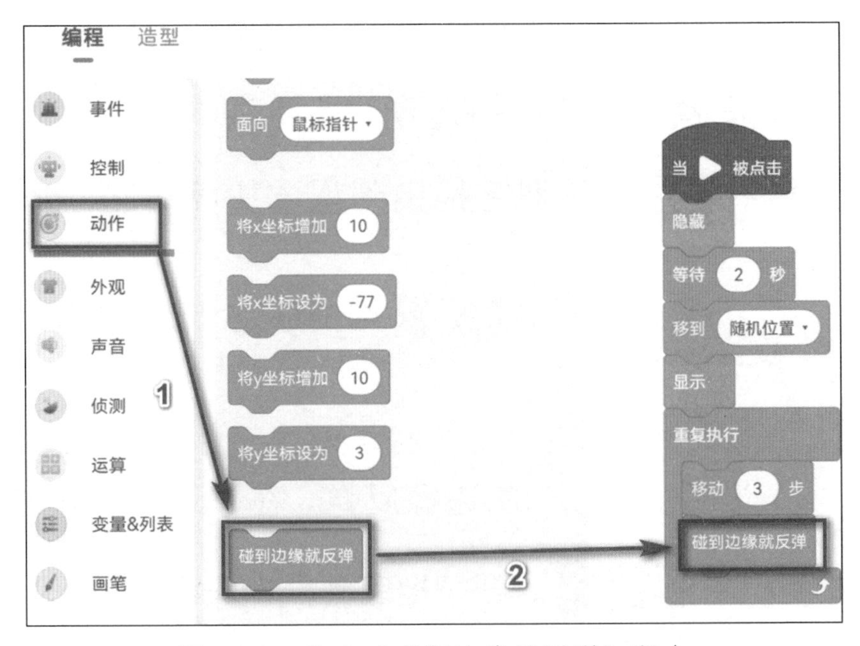

图 4-19　拖曳“碰到边缘就反弹”积木

4）在“动作”类积木中找到积木 将旋转方式设为 左右翻转，把它拖曳到积木块编辑区的积木 

中，放置到积木 碰到边缘就反弹 的下面，如图 4-20 所示。

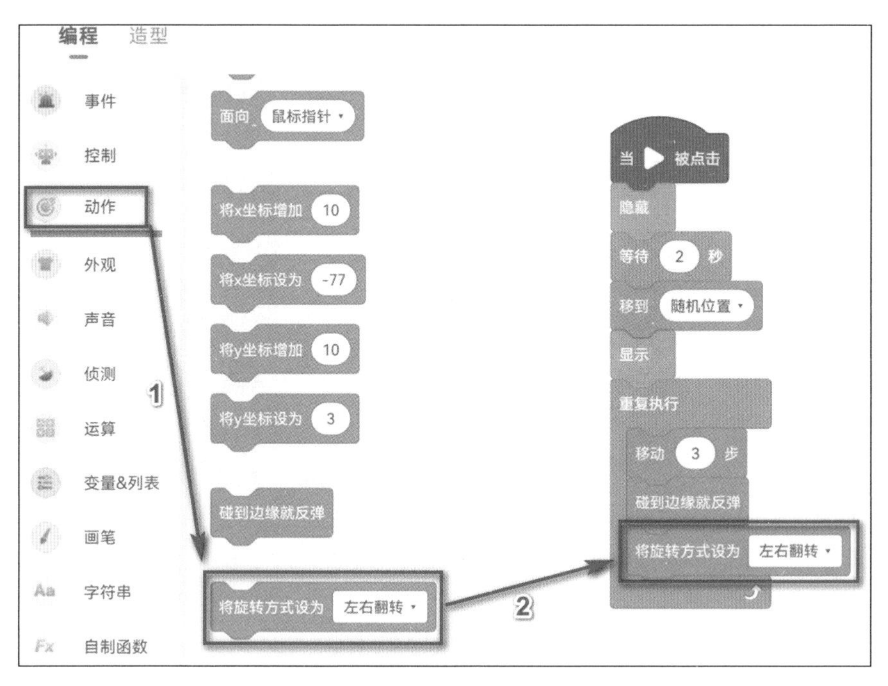

图 4-20　拖曳“将旋转方式设为左右翻转”积木

4. 编写“鱼儿”与“鱼钩”的触碰事件积木

1）在“控制”类积木中找到积木 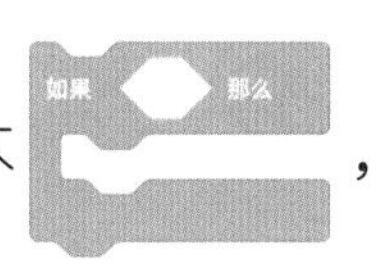

，把它

拖曳到积木块编辑区的积木

中，放置到积木

将旋转方式设为 左右翻转 的下面，如图 4-21 所示。

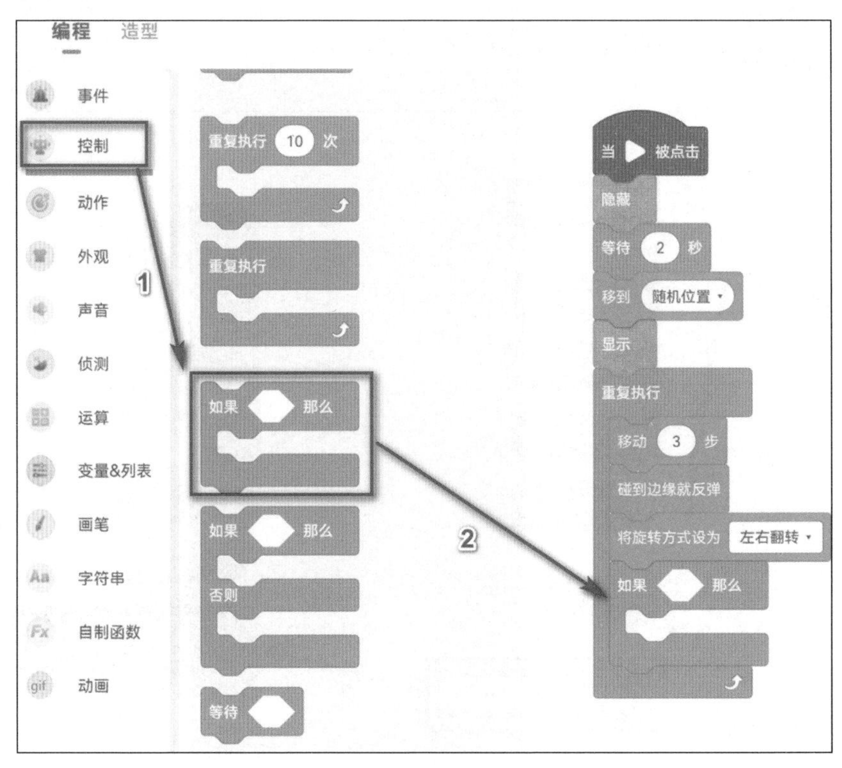

图 4-21　拖曳“条件判断”积木

2）在“运算”类积木中找到积木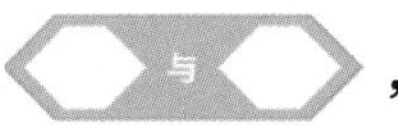

，把它

拖曳到积木块编辑区中积木

的六边形条件框，

如图 4-22 所示。

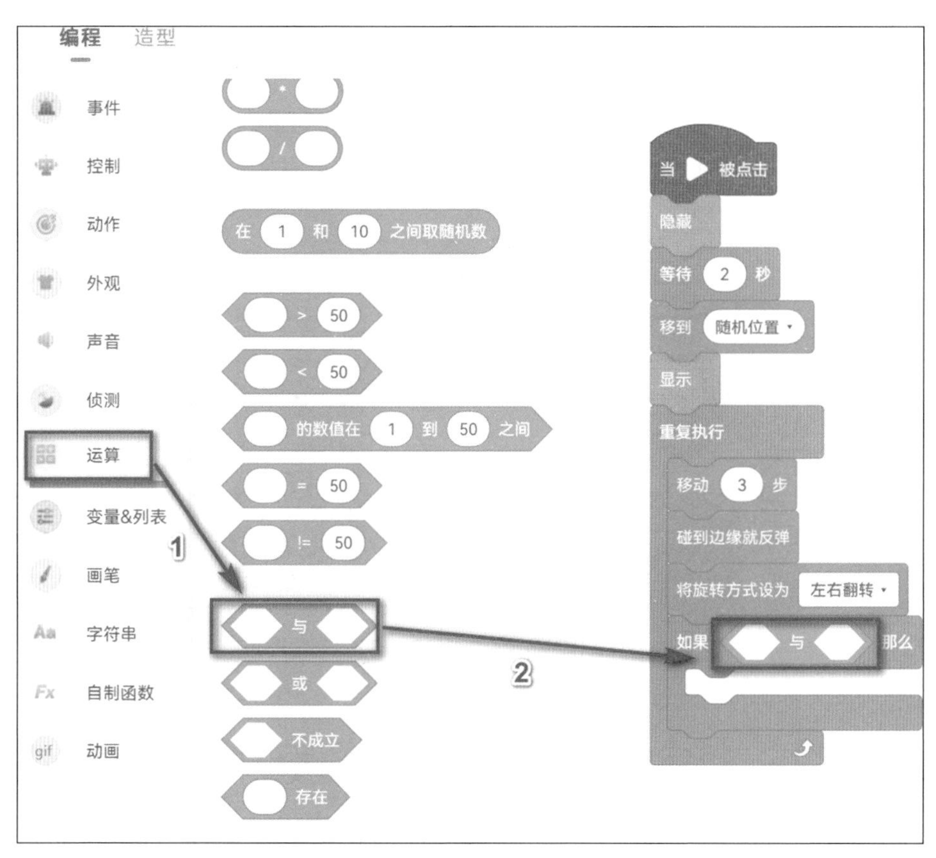

图 4-22　拖曳“与运算”积木

3）设置“鱼儿”与“鱼钩”碰撞的条件。在“侦测”类积木中找到积木 碰到 舞台 ? ，把它拖曳到积木块编辑区的积木 与 的左侧六边形条件框，将舞台更换为“鱼钩”，如图 4-23 所示。

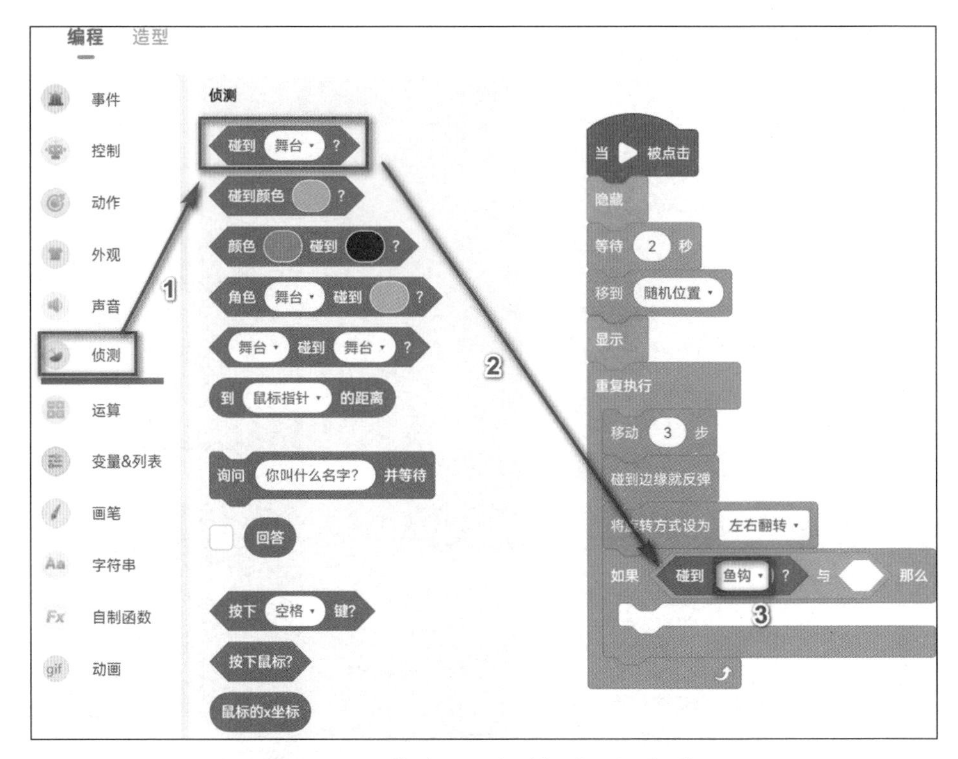

图 4-23　拖曳“碰到舞台?”积木

4）设置“鱼儿”与“鱼钩”前端碰撞的条件。在“侦测”类积木中找到积木 碰到颜色 ? ，把它拖曳到积木块编辑区中积木 与 的右侧六边形条件框，如图 4-24 所示。

点击积木 碰到颜色 ? 下侧的取色器，将取色器放置在鱼钩上，设置颜色为鱼钩的颜色，具体数值为：颜色“60”、饱和度“3”、亮度“52”，如图 4-25 所示。

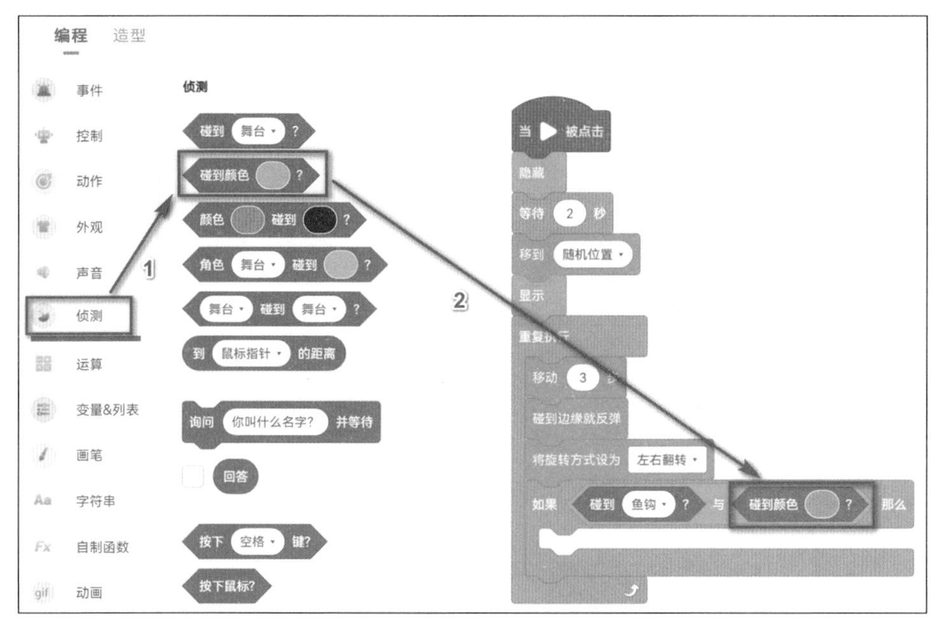

图 4-24　拖曳侦测“碰到指定颜色?”积木

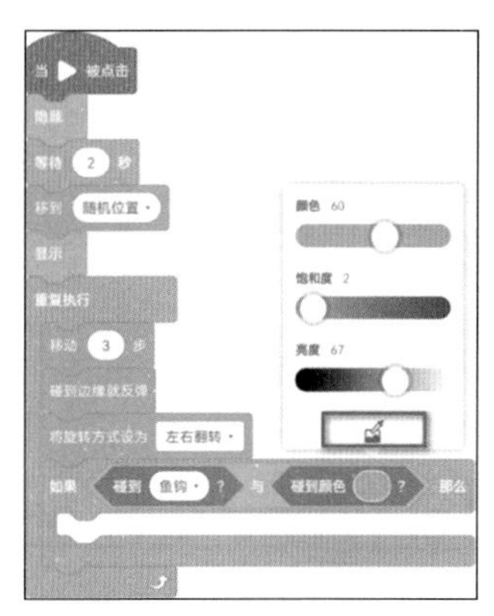

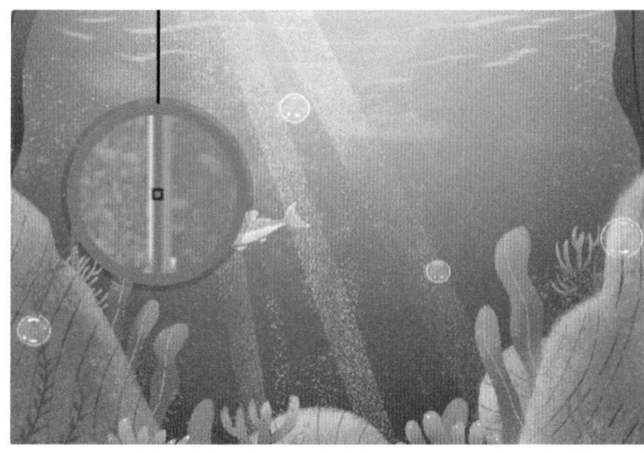

图 4-25　取“鱼钩”颜色作为碰撞条件

5）在“外观”类积木中找到积木 ，把它拖曳到积木块编辑区的积木 中。将积木 中的对话内容设置为“被抓住了！”，如图 4-26 所示。

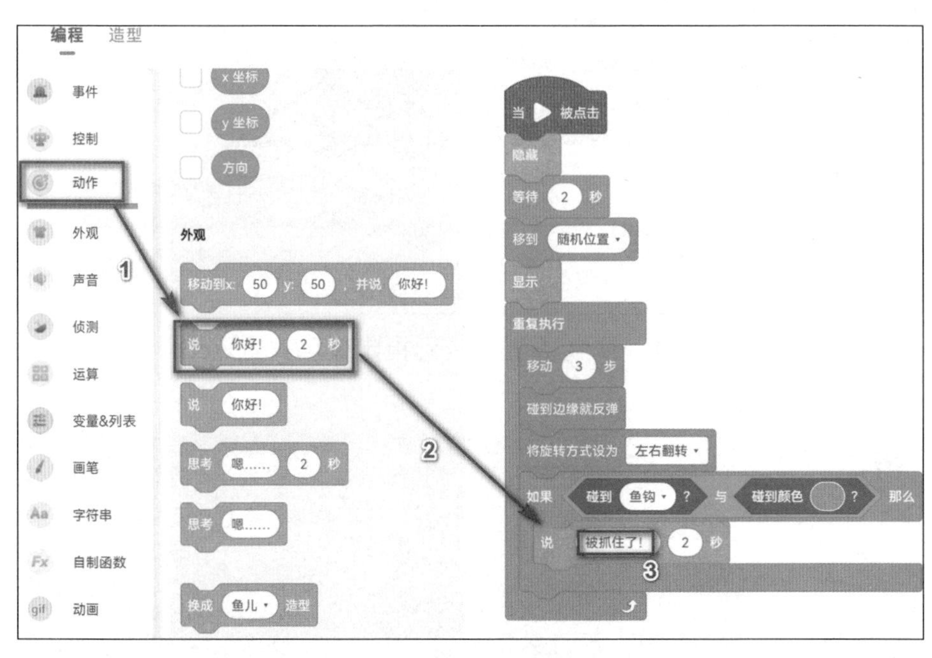

图 4-26　拖曳“对话”积木

6）在“控制”类积木中找到积木 ，把它拖曳到积木块编辑区的积木 中，放置到积木

说 被抓住了! 2 秒 下面，如图 4-27 所示。

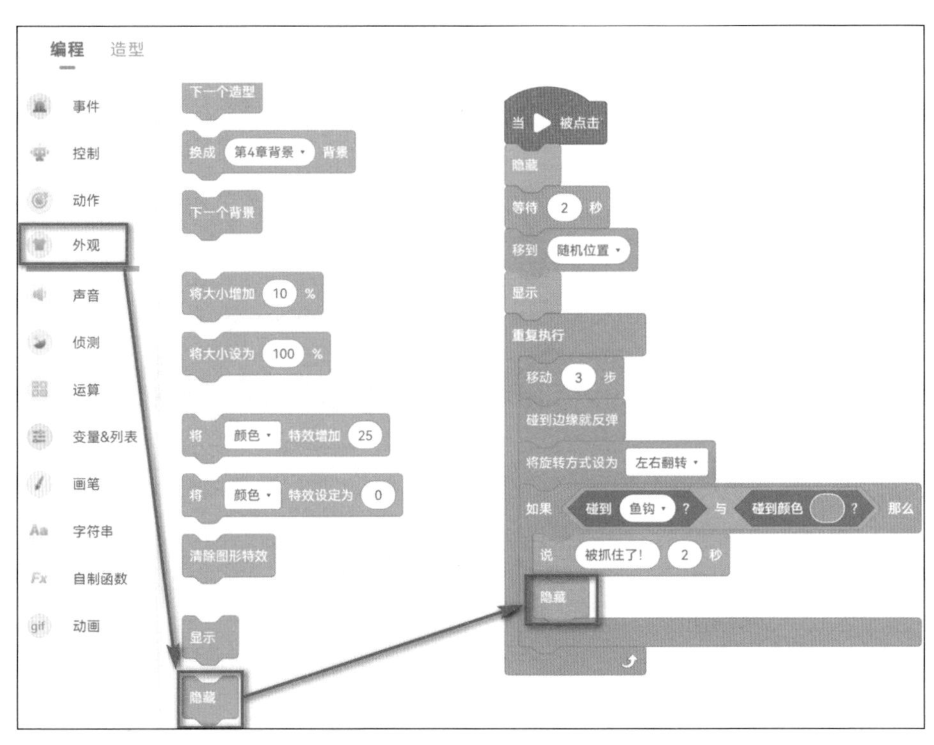

图 4-27　拖曳“隐藏”积木

7）在“控制”类积木中找到积木 停止 全部脚本，把它拖曳到积木块编辑区的积木  中，放置到积木  下面，如图 4-28 所示。

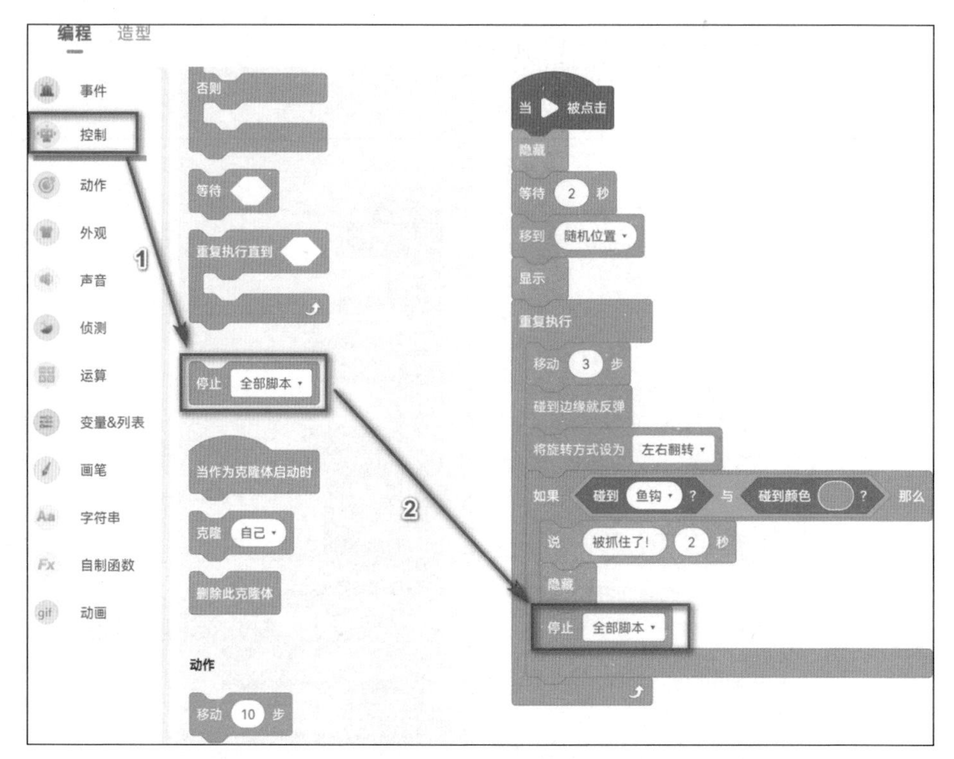

图 4-28　拖曳“停止全部脚本”积木

5. 运行程序

点击舞台编辑区的 ▶运行 按钮，将程序运行起来，可以看到“鱼儿”在河水中游来游去，用鼠标控制“鱼钩”，将水中的“鱼儿”钓出水面。

本案例角色“鱼钩”的最终代码如图 4-29 所示。

本案例角色“鱼儿”代码最终如图 4-30 所示。

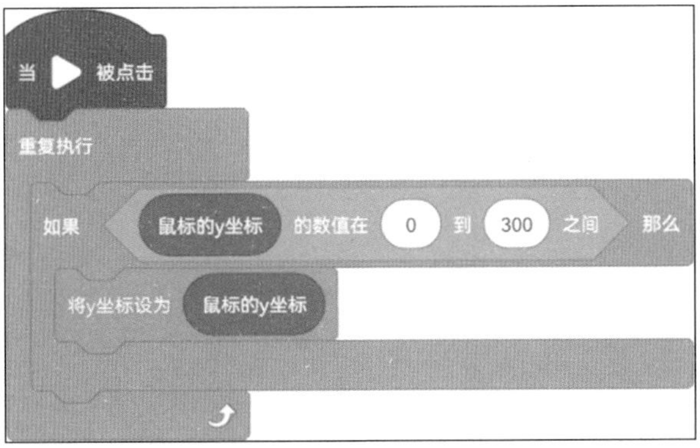

当 被点击
重复执行
如果 鼠标的y坐标 的数值在 0 到 300 之间 那么
将y坐标设为 鼠标的y坐标

图 4-29 “鱼钩”最终代码

当 被点击
隐藏
等待 2 秒
移到 随机位置
显示
重复执行
移动 3 步
碰到边缘就反弹
将旋转方式设为 左右翻转
如果 碰到 鱼钩 ? 与 碰到颜色 ? 那么
说 被抓住了! 2 秒
隐藏
停止 全部脚本

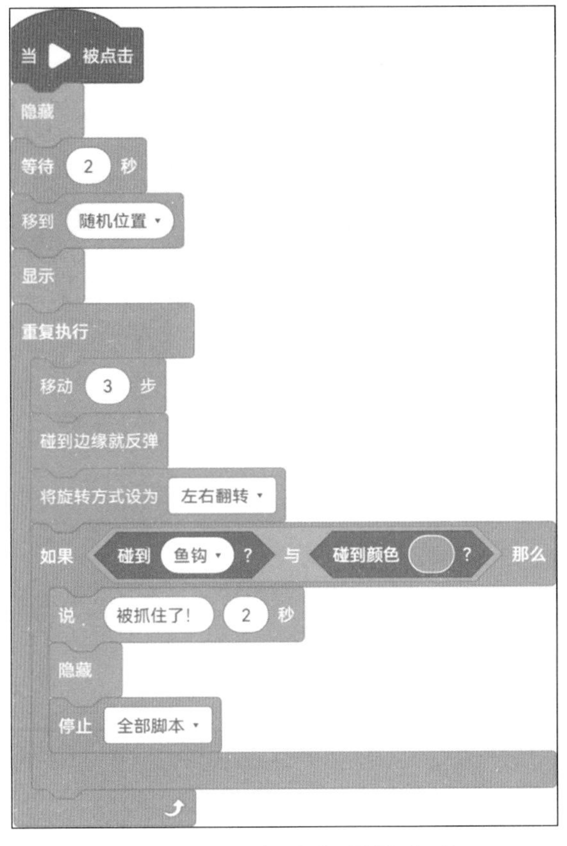

图 4-30 “鱼儿”最终代码

程序代码运行效果如图 4-31 所示。

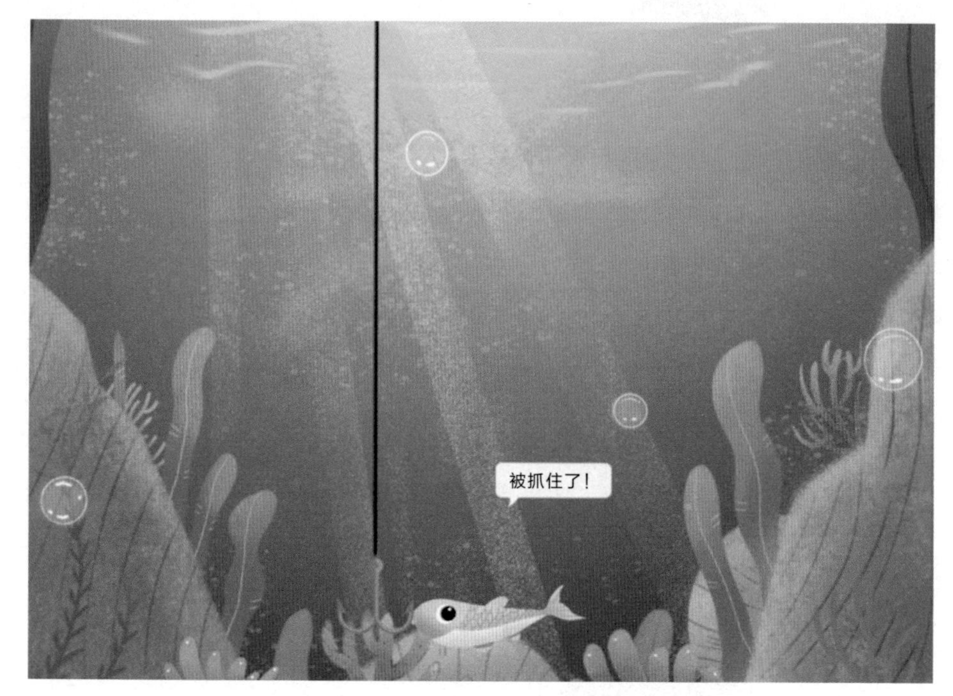

图 4-31　程序运行最终效果

现在已经完成了所有编程创作，检查一下是否和演示程序一致。

4.4.3　动动手：保存作品

参考第 1 章的两种方法，将这个新作品保存至专属文件夹或个人中心。

4.5 理一理：编程思路

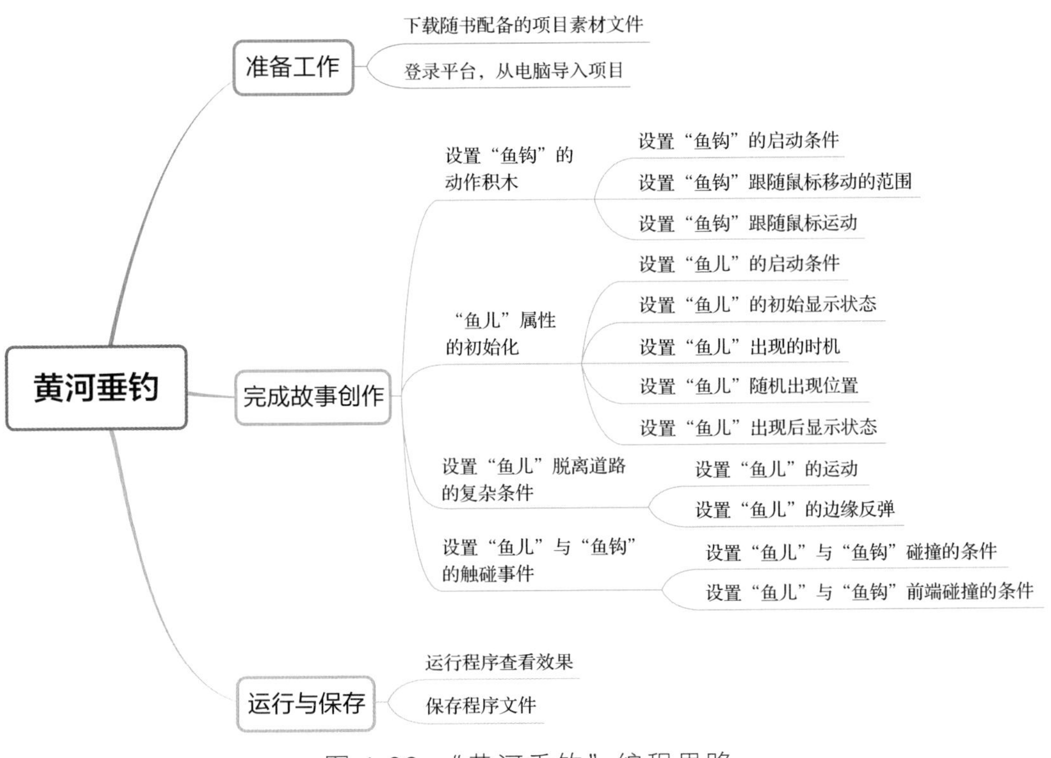

图 4-32 “黄河垂钓”编程思路

4.6 学做小小程序员

通过学习本案例，我们获得了以下知识。

1. 编程数学

编程数学包括坐标系、坐标变化等内容。在舞台上设置的角色通常需要变化位置来完成相应的功能。舞台上有一个确定的坐标系，即每一个位置由坐标来表示。所以，角色位置的变化可以转变成角色坐标大小的改变。“黄河垂钓”中，“鱼儿”角色初始化后，需要不停地移动，这时我们使用积木 移动 3 步，来完成坐标的变化。

2. 角色的显示和隐藏操作

在使用图形化编程时，我们可能暂时不需要某一个角色，但是不必删除当前角色，只需要使用积木 隐藏 更改该角色的显示状态为“隐藏”。事实上，这个角色仍在舞台上，只不过不显示。当需要这个角色出场时，再使用积木 显示 将显示状态改为“显示”即可。“黄河垂钓”中，“鱼儿”最开始是不需要显示的，所以使用积木 隐藏，经过 2 秒后，“鱼儿”需要显示到随机位置，所以在确定了位置坐标后，就利用积木 显示 显示到当前位置。

3. 逻辑运算

逻辑运算是程序数据运算的一种，它有3个逻辑运算符“与”“或”和“不成立”(习惯称为“非”)。逻辑运算的最终结果是一个布尔值，布尔值有两个值“真”和“假”。“黄河垂钓”中，在判断“鱼儿”和“鱼钩”是否碰撞时，使用了逻辑“与”运算。利用积木 与 ，当同时满足“鱼儿”碰到“鱼钩”和“鱼儿”碰到“鱼钩”的颜色这两个条件时，当前逻辑表达式最终的值就为“真”，也就是“鱼儿”和“鱼钩”碰到了一起，这时“鱼钩”就抓到了“鱼儿”。

4. 复杂的嵌套结构

我们知道程序设计包含3种基本结构：顺序结构、条件结构、循环结构。在软件开发中，单独使用上面3种结构时，通常能发挥的作用十分有限，更多时候，是将这几种结构结合使用。这就是结构的嵌套，即在某一个结构内部插入另一个结构。“黄河垂钓”中，“鱼儿”出现后，如果没有被“鱼钩”碰到，那么就需要一直保持“游动”的状态，这里就需要循环结构积木 重复执行 来实现。需要重复执行的操作不仅包括“游动”的动作指令，还需要不断进行“鱼儿”与“鱼钩”的碰撞检测，这个功能使用积木 如果 那么 来实现。因为碰撞检测需要时刻进行，所以将积木 如果 那么 放到积木 重复执行 中。

4.7 走近信息科学

信息交流与分享是一种非常重要的社交行为，无论是在编程世界中还是在日常生活中都是如此。通过分享，我们可以更好地了解彼此、建立联系、增进情感，甚至改变生活。在编程学习中，分享也是非常重要的。它可以帮助我们解决问题，提高编程技能，甚至在未来能帮助我们找到理想的工作。下面，将探讨信息技术、编程过程中的分享，以及日常生活中分享的意义。

信息技术的发展使信息交流和分享变得更加便捷。现在，我们可以通过互联网、社交媒体、在线论坛等多种方式与他人进行交流和分享。这不仅有助于我们更好地了解彼此，还能促进经验和知识共享，从而提高自己的技能和能力。此外，信息技术还使信息的传递更加迅速和高效，使我们能够更好地利用信息来解决问题和创造价值。

在编程过程中，分享也是非常重要的。编程是一项需要不断地学习和探索的复杂任务。在这个过程中，我们会遇到各种问题和挑战。这时，与他人进行交流和分享是非常有益的。我们可以从中获得新的思路和解决方案，从而更好地解决问题和提高编程技能。此外，与他人分享自己的编程作品和经验，也可以帮助他人学习和提高编程技能。

在日常生活中，分享也同样非常重要。分享可以帮助我们与他人建立联系、增进情感，甚至改变自身生活轨迹。例如，当我们与他人分享喜悦和快乐时，彼此之间会更加亲近和熟悉。同时，与他人分享我们的经验和知识，也可以帮助他人克服困难、提高能力，从而创造更多的价值。

总之，无论在何种场景下，信息交流与分享都发挥着至关重要的作用。它如同一座桥梁，连接着人与人之间的心灵，让我们能够更好地了解彼此、建立联系、增进情感，甚至改变生活。因此，我们应该积极参与信息交流和分享，从中获得智慧和力量。

第5章

燕山打猎

旦辞黄河去，暮至黑山头，不闻爷娘唤女声，但闻燕山胡骑鸣啾（jiū）啾。

——《木兰辞》

5.1 讲故事

浩浩汤（shāng）汤的黄河，万里奔腾，向东奔流，倾注入海。它有时温柔平静，有时如怒如吼，仿佛诉说着这片土地上发生的可歌可泣的故事。

木兰的队伍拔营起行，渡过黄河，一路向北，愈走愈接近荒凉的边境，最后战士们驻扎在燕山脚下。有一日，军中事务不忙，木兰兴致勃勃地邀请另一位百夫长萧炎和自己队伍里的士兵一起上山打猎，萧炎和独孤征都欣然答应。

萧炎曾经也是猎人，随身带着他的伙伴天天。天天是一只威武的老鹰，不仅可以侦察敌情，有时候还会叼回很多野味给萧炎，大家都特别喜欢天天。

这次，萧炎跟木兰他们一起上山，天天先在天上盘旋了一会儿，确认没有异常情况后飞回到萧炎的肩膀上。燕山的路很难走，就连经验丰富的猎人都不敢深入山里，但木兰他们几人骑马直向深山里闯。

他们走了很久都没有看到什么野兽，独孤征有点不耐烦地说：“走了半天怎么还是没有看到野兽？”

“不要着急，这山上野兽很多的。”木兰安慰道。

话音刚落，丛林中就窜出一只小白兔，它长着细细长长的耳朵，两只眼睛像红宝石一般，速度极快地从众人面前掠过。

木兰刚刚把箭搭在弓上，小白兔就消失在草丛中，木兰懊悔不已。

“别担心，天天最擅长抓兔子了，一会儿我请大家吃烤野兔！”说完萧炎对天天吹了一声口哨，天天心领神会，一飞冲天，不一会儿就抓了一只兔子回来，众人露出了开心的笑容。

遇到事情不能急躁，很多事情需要沉着冷静地对待，才能把事情做好。

5.2 看程序

扫描二维码，按以下方法操作，可以看到本案例的呈现效果。

1）接下来让我们开始运行程序吧！点击 ▶运行 按钮，启动程序。

2）点击“兔子”角色，呈现“兔子”造型，如图 5-1 所示。

图 5-1 “兔子”造型

3）点击“老鹰”角色，呈现“老鹰”造型，如图 5-2 所示。

图 5-2 “老鹰”造型

5.3 学设计

这个程序展示了“老鹰捕捉兔子”的场景，设计思路和实现方法如下。

1）布置舞台场景。

2）创建“老鹰”和“兔子”两个角色。

3）“兔子”在舞台上不停跑动。

4）“老鹰”在程序开始运行时，出现在初始位置。

5）利用键盘的方向键，控制“老鹰”向四个方向移动。

6）如果控制“老鹰”碰到“兔子”，那么“老鹰”捕获成功。

5.4 编写程序

若想实现“老鹰捕捉兔子”程序模块的功能，具体方法如下。

5.4.1 动动手：布置舞台

首先需要准备好本案例所需资源“5. 燕山打猎”文件夹，再利用这些资源布置舞台。

按如下流程操作：

1）在图形化编程环境下，点击“文件”菜单，选择“从电脑导入”命令，如图 5-3 所示。

图 5-3 选择“从电脑导入”命令

2）在弹出的“打开文件”对话框中，找到编程资源“5. 燕山打猎”文件夹，选择““5. 燕山打猎 – 基础案例 .ppg”文件，点击“打开”按钮，完成“5. 燕山打猎 – 基础案例 .ppg”文件的导入操作，如图 5-4 所示。

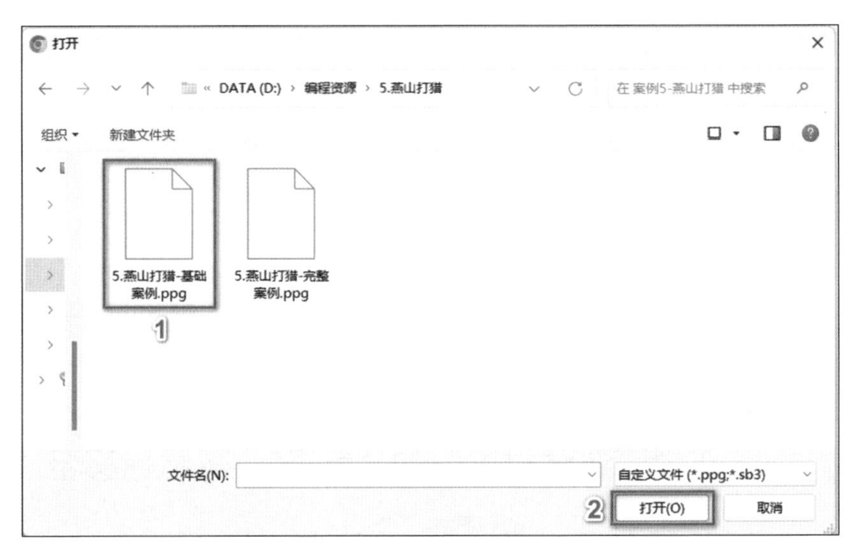

图 5-4 选择“5. 燕山打猎 – 基础案例 .ppg”文件

上述操作完成后，布置的舞台效果，如图 5-5 所示。

图 5-5 舞台效果图

5.4.2 动动手：搭积木

按如下流程操作完成“燕山打猎”的积木搭建。

1. 编写“兔子”的移动积木

故事中的“兔子”好像活了过来，在草地上来回跑动，遇到舞台边缘就会向反方向奔跑。

1）点击“已选素材区”的“兔子”，将鼠标移至“事件”类积木中找到积木 当 被点击 ，把它拖曳到积木块编辑区。

2）在“控制”类积木中找到积木 重复执行 拖曳到积木块编辑区的积木 当 被点击 下方，如图 5-6 所示。

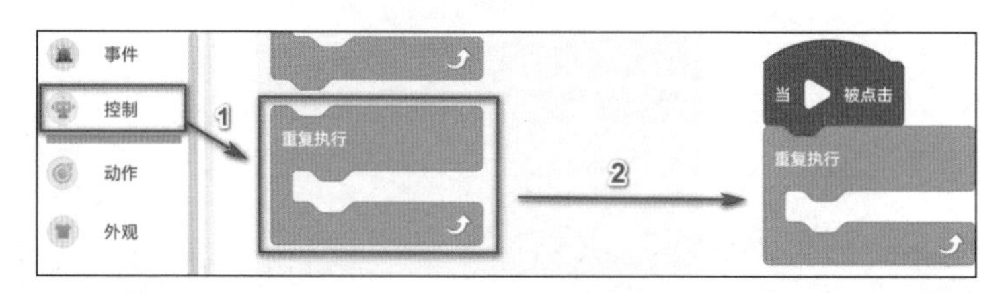

图 5-6 拖曳“重复执行”积木

3）设置“兔子”的移动范围。在“动作”类积木中找到积木 在 1 秒内滑行到 x: -151 y: -108 ，把它拖曳到积木块编辑区的积木 重复执行 中，如图 5-7 所示。

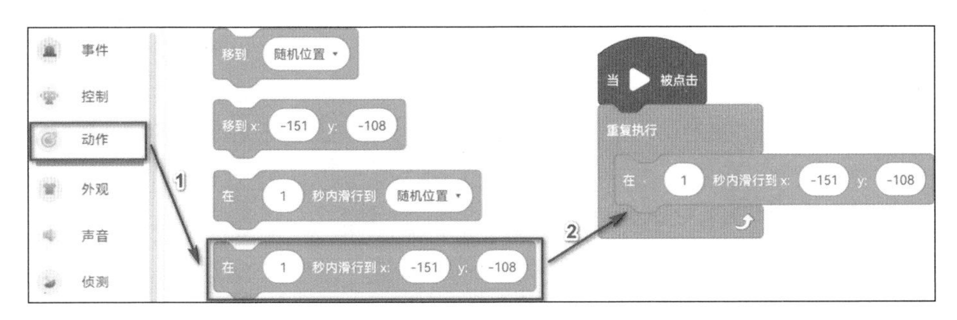

图 5-7　拖曳“在 1 秒内滑行到指定位置”积木

控制“兔子”在草坪上左右移动。在“运算”类积木中找到积木“在 1 和 10 之间取随机数”，放在 x 后的圆框中，并把数值修改为 –250 和 250；之后，重复上述步骤，将积木“在 1 和 10 之间取随机数”放在 y 后的圆框中，并把数值修改为 –125 和 0，如图 5-8 所示。

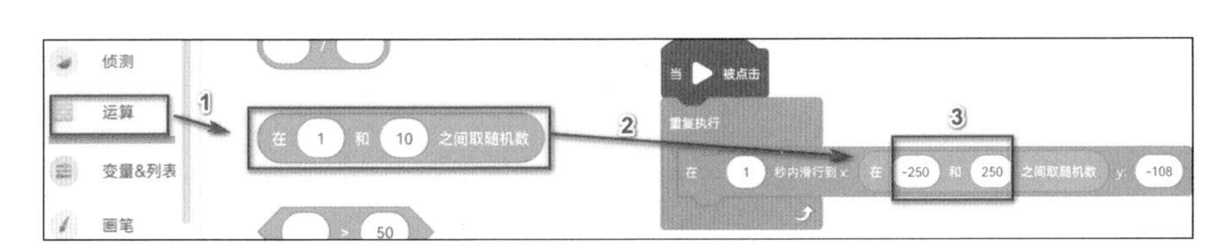

a）设置 x 坐标

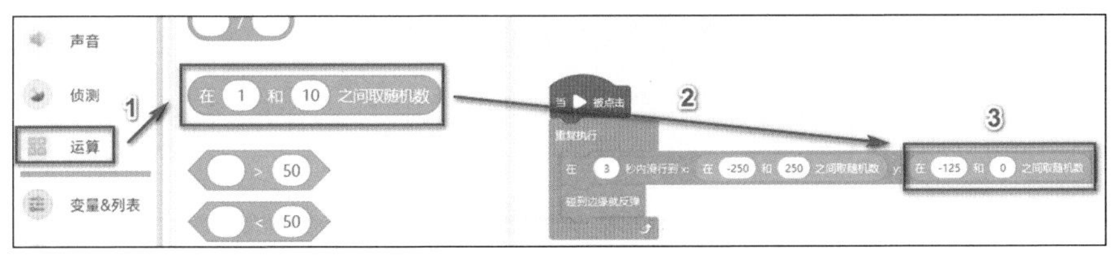

b）设置 y 坐标

图 5-8　拖曳“取随机数”积木

4）设置“兔子”的奔跑效果。将鼠标移至“事件”类积木中找到积木 当▶被点击，把它拖曳到积木块编辑区，如图 5-9 所示。

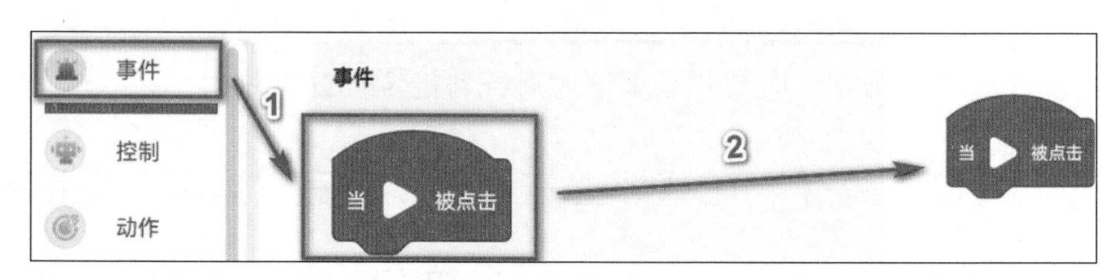

图 5-9　拖曳“当运行被点击”积木

5）在“控制”类积木中找到积木 重复执行，把它拖曳到积木块编辑区中积木 当▶被点击 的下方，如图 5-10 所示。

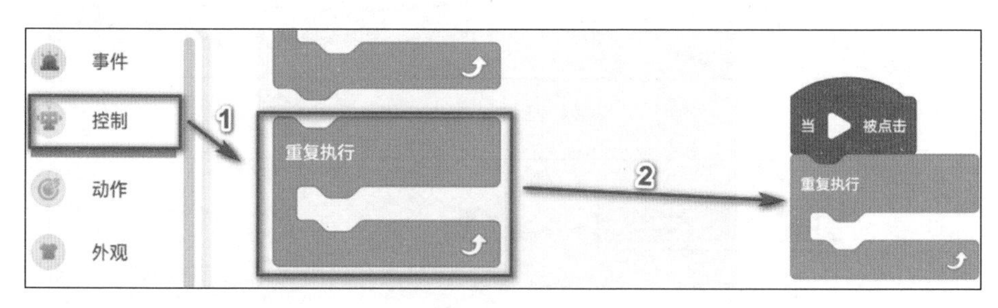

图 5-10　拖曳“重复执行”积木

6）在“外观”类积木中找到积木 下一个造型 ，把它拖曳到积木块编辑区的积木

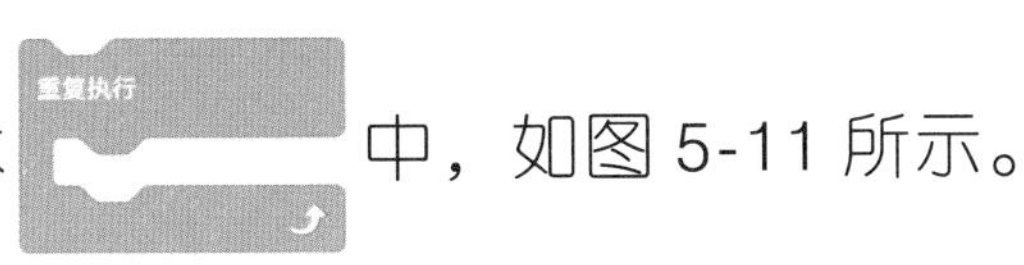

中，如图 5-11 所示。

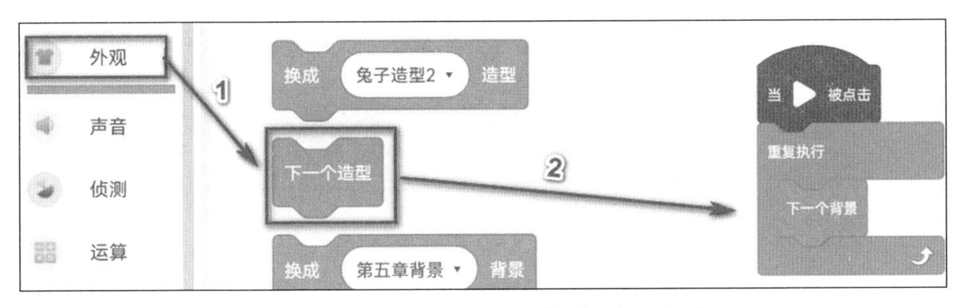

图 5-11　拖曳“下一个造型”积木

7）在“控制”类积木中找到积木 等待 1 秒 ，把它拖曳到积木块编辑区的积木

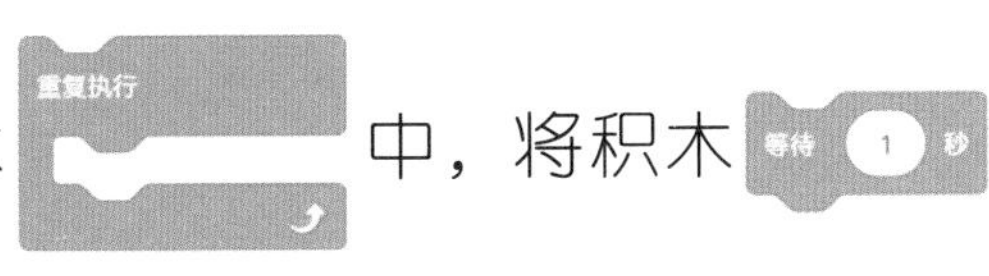

中，将积木 等待 1 秒 中的等待时间设置为 0.25 秒，如图 5-12 所示。

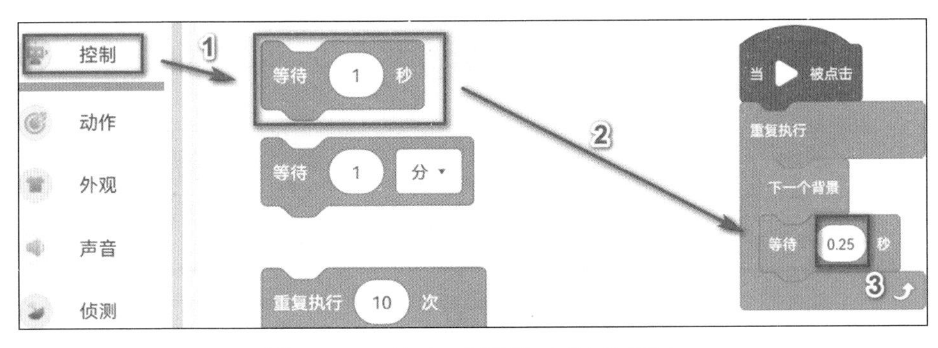

图 5-12　拖曳“等待 1 秒”积木

2. 编写“老鹰”飞翔的切换造型积木

“老鹰”从天上向下俯冲，如果抓到“兔子”便触发对话。

1）利用造型切换模拟“老鹰”的飞翔效果。将鼠标移至“事件”类积木中找到积木 当▶被点击，把它拖曳到积木块编辑区，如图 5-13 所示。

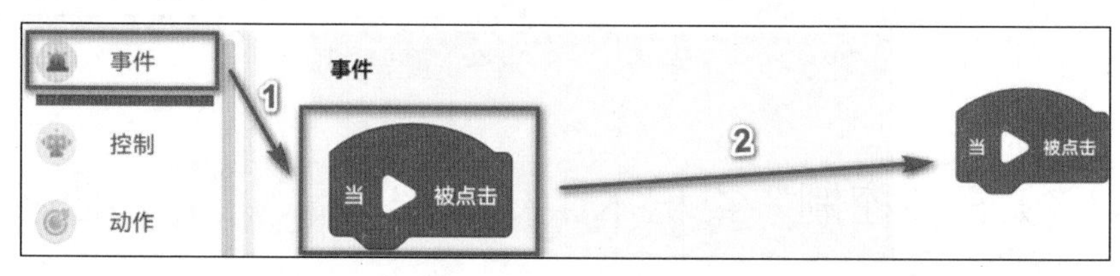

图 5-13　拖曳“当运行被点击”积木

2）在“控制”类积木中找到积木 

，把它拖曳到积木块编辑区中积木 当▶被点击 的下方，如图 5-14 所示。

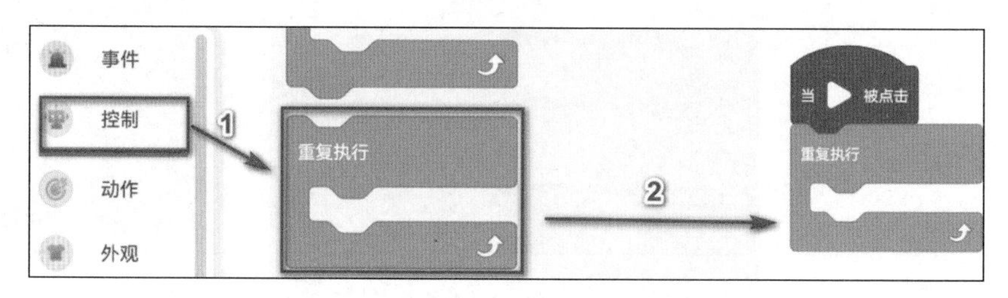

图 5-14　拖曳“重复执行”积木

3）在“控制”类积木中找到积木 下一个造型 ，把它拖曳到积木块编辑区的积木 重复执行 中，如图 5-15 所示。

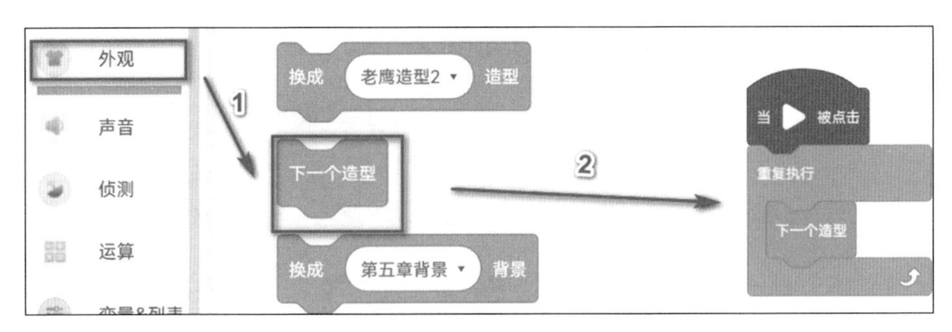

图 5-15　拖曳“下一个造型”积木

4）在“控制”类积木中找到积木 等待 1 秒 ，把它拖曳到积木块编辑区的积木 重复执行 中。将积木 等待 1 秒 中的等待时间设置为 0.25 秒，如图 5-16 所示。

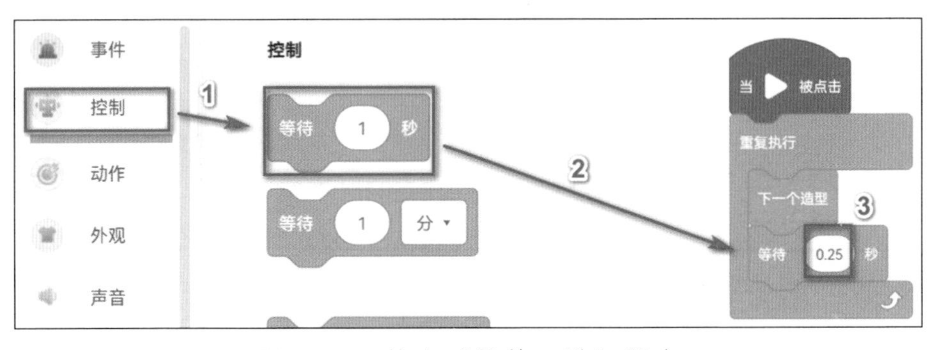

图 5-16　拖曳“等待 1 秒”积木

3. 编写“老鹰”的键盘控制积木

使用键盘左右方向键控制“老鹰”向下俯冲时的横向位置，使用键盘上下方向键控制“老鹰”的纵向位置。

1）首先，点击“已选素材区”中的“老鹰”，将鼠标移至“事件”类积木，找到积木 当 ▶ 被点击 ，把它拖曳到积木块编辑区。然后，设置“老鹰”的初始位置。在“动作”类积木中找到积木 移到 x: 0 y: 120 ，把它拖曳到积木块编辑区的积木 当 ▶ 被点击 下面，将积木 移到 x: 0 y: 120 中 x 坐标设置为 0，y 坐标设置为 120，如图 5-17 所示。

图 5-17　拖曳“移到指定位置”积木

2）在“控制”类积木中找到积木 重复执行 ，把它拖曳到积木 移到 x: 0 y: 120 的下方。

3）添加“老鹰”上下左右移动的控制积木。在“控制”类积木中找到积木，把它拖曳到积木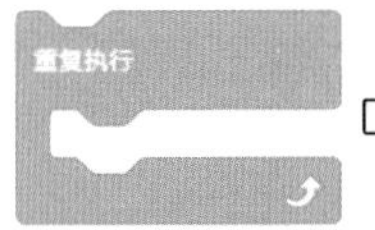中，如图 5-18 所示。

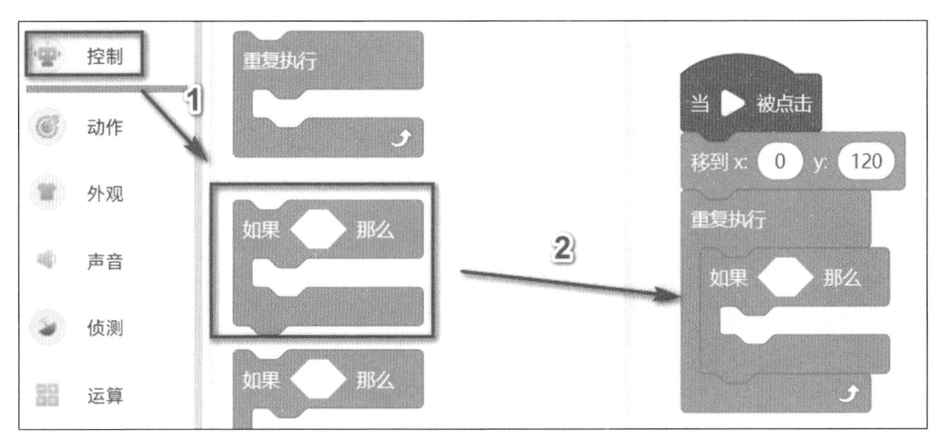

图 5-18　拖曳“条件判断”积木

4）添加向左、向右、向上、向下的判断条件。

在“侦测”类积木中找到积木 按下 空格 键? ，把它拖曳到积木 如果 那么 中的 如果 六边形条件框上，如图 5-19 所示。

点击判断积木 如果 位置上的积木 按下 空格 键? 的

空格，在下拉菜单中选择 → ，设置向右的判断条件，如图 5-20 所示。

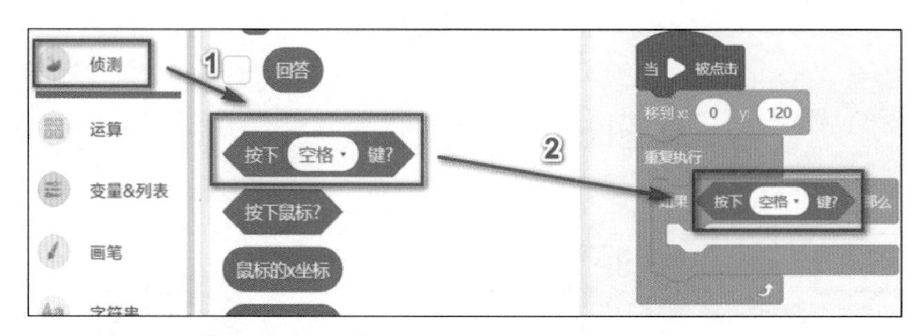

图 5-19　拖曳“按下空格键？”积木

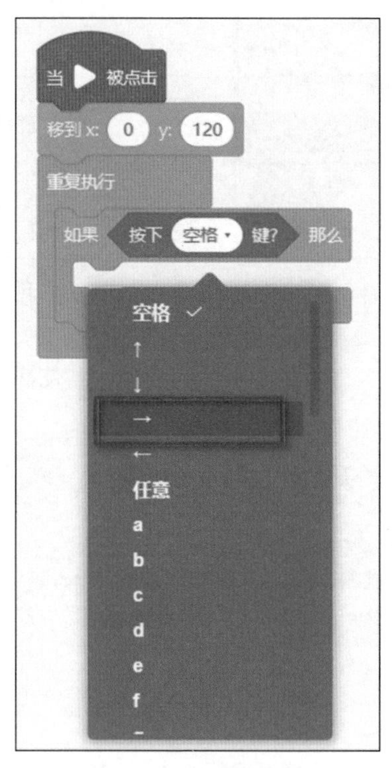

图 5-20　修改判断条件为按键“→”

用上述相同的方式分别设置积木向左、向下、向上的控制条件，设置完成的效果如图 5-21 所示。

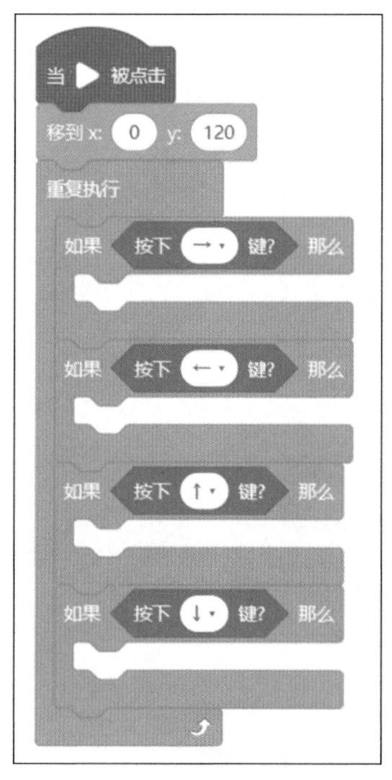

图 5-21　设置“四个方向按键”的侦测积木

5）设置“老鹰”向左、向右、向上、向下的移动积木。

在“动作”类积木中找到积木 将x坐标增加 10 和 将y坐标增加 10 ，把它拖曳到积木块编辑区的积木 重复执行 中，放置在积

木 中，向左、向右放置积木 ，向上、向下放置积木 ，如图 5-22 所示。

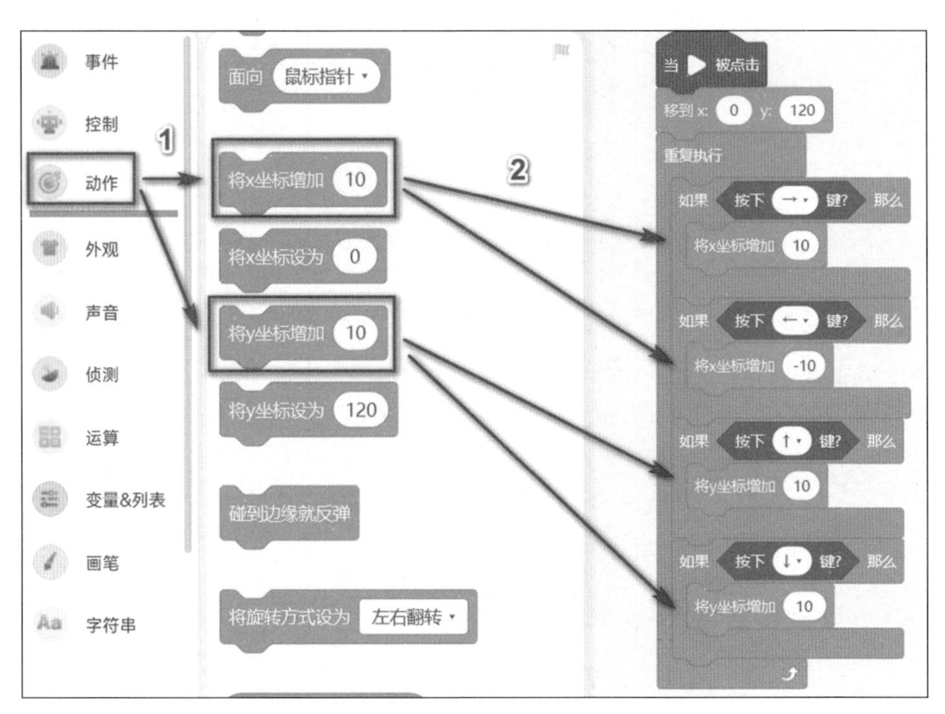

图 5-22　拖曳“指定坐标增加”积木

将积木 和 下面的移动值设置为 25，将积木 和 下面的移动值设置为 –25，设置完成效果如图 5-23 所示。

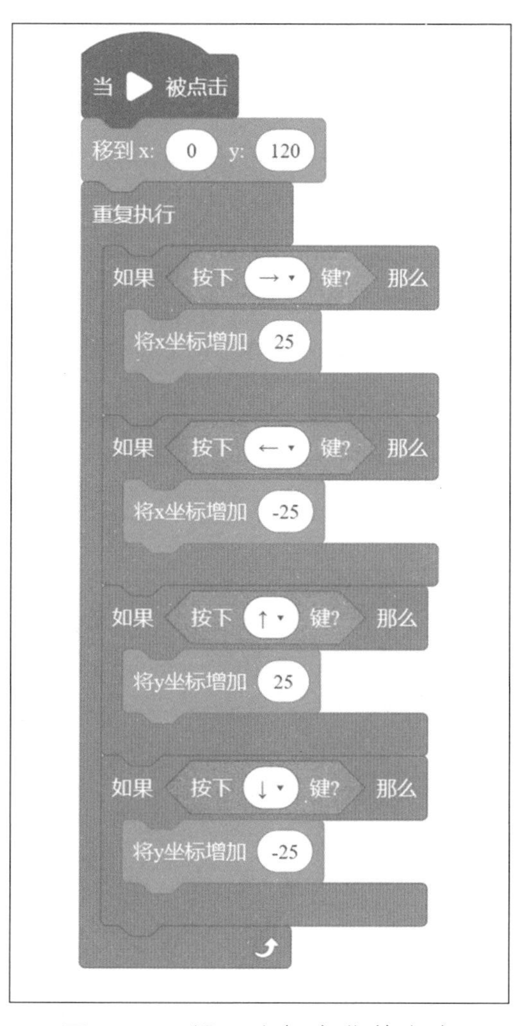

图 5-23　设置坐标变化的大小

4. 编写“老鹰”和“兔子”的触碰动作积木

当“老鹰”触碰到“兔子”时，触发对话“捕猎成功！”。

1）添加触碰的判断积木。在“控制”类积木中找到积木如果 那么，把它拖曳到积木块编辑区的积木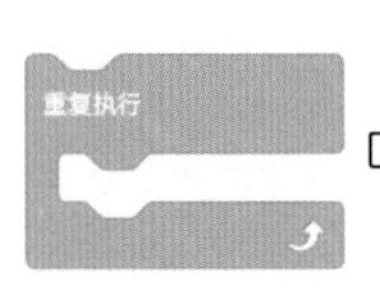中，再放置到积木块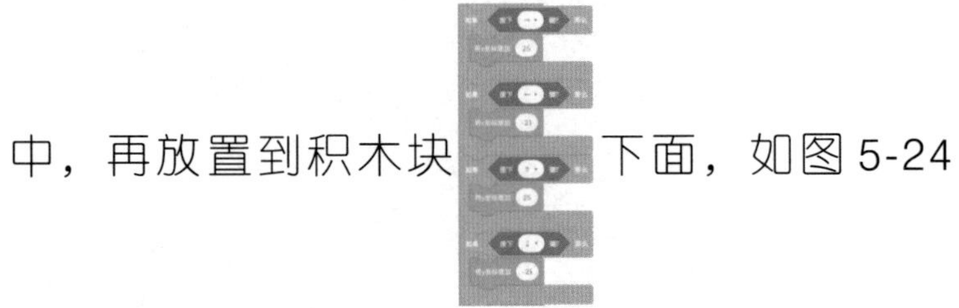下面，如图 5-24 所示。

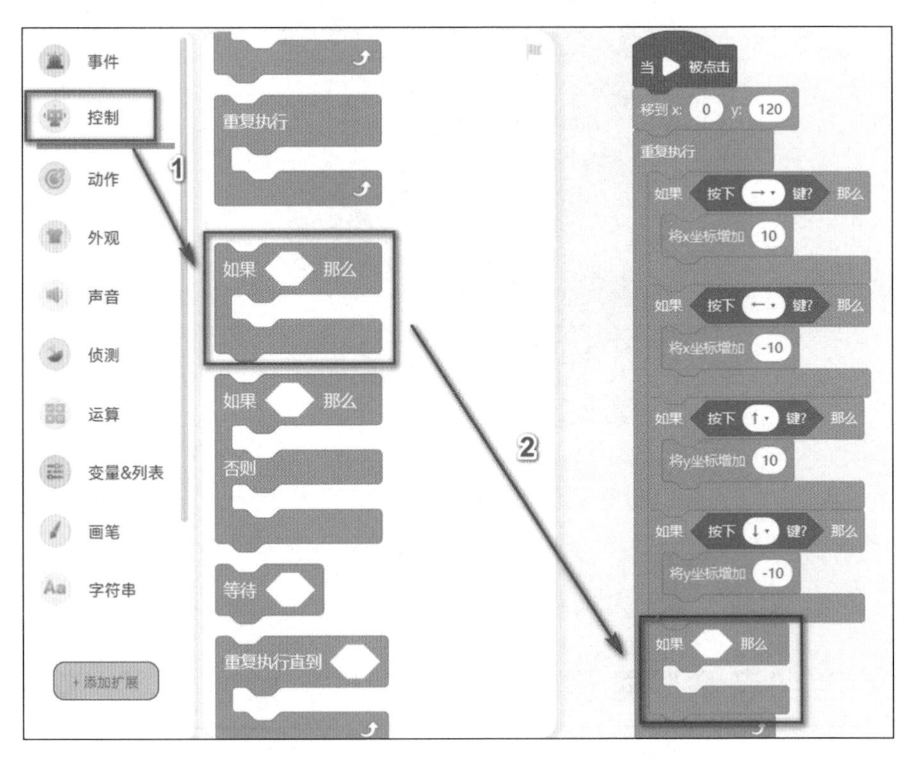

图 5-24　拖曳“条件判断”积木

2）添加“老鹰”和“兔子”触碰的条件判断积木。在“侦测”类积木中找到积木 舞台 碰到 舞台 ? ，把它拖曳到积木 如果 那么 中 如果 的六边形条件框上，将积木 舞台 碰到 舞台 ? 设置为 老鹰 碰到 兔子 ? ，如图 5-25 所示。

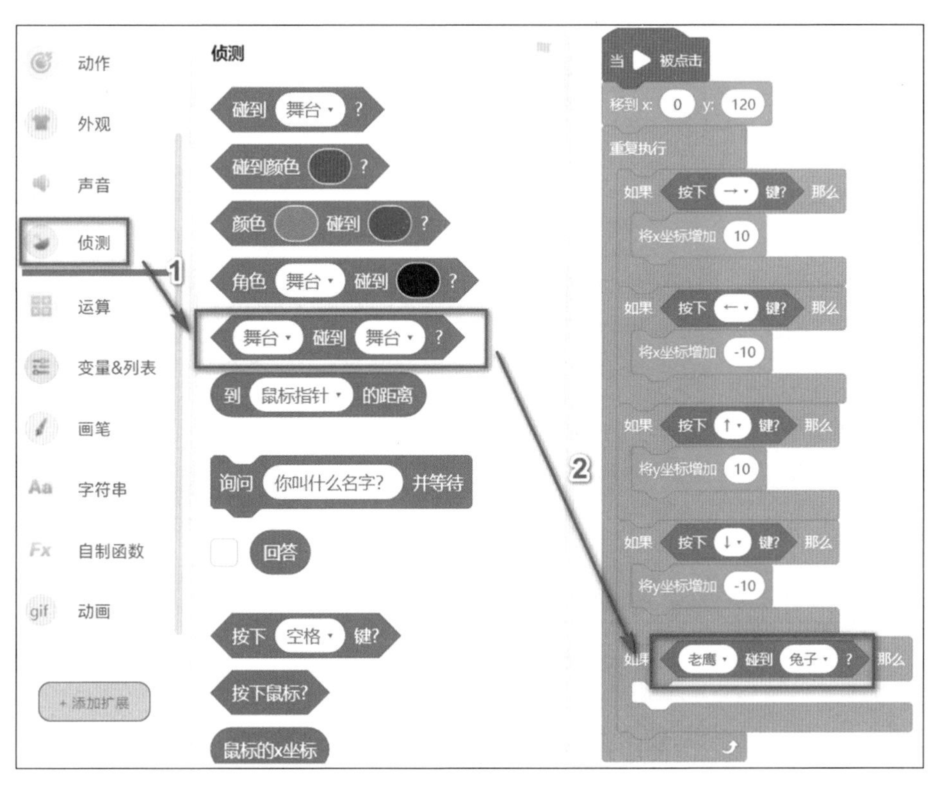

图 5-25 拖曳“舞台碰到舞台?”积木

3）添加“老鹰”触碰“兔子”后的事件。

首先，在“外观”类积木中找到积木 说 你好! 2 秒 ，把它拖曳到积木 如果 老鹰 碰到 兔子 ? 那么 下面。将积木 说 你好! 2 秒 中“你好！”的文字设置为“捕猎成功！”，如图 5-26 所示。

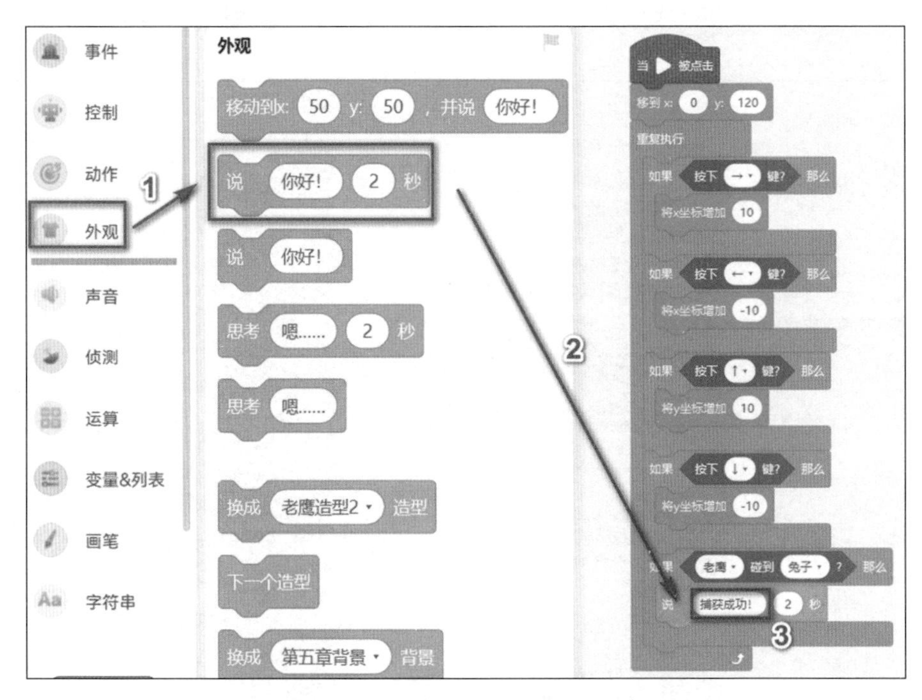

图 5-26　拖曳“对话”积木

然后，设置触碰后脚本停止的事件。在“控制”类积木中找到积木 停止 全部脚本 ，把它拖拽到积木 说 捕获成功! 2 秒 下面，如图 5-27 所示。

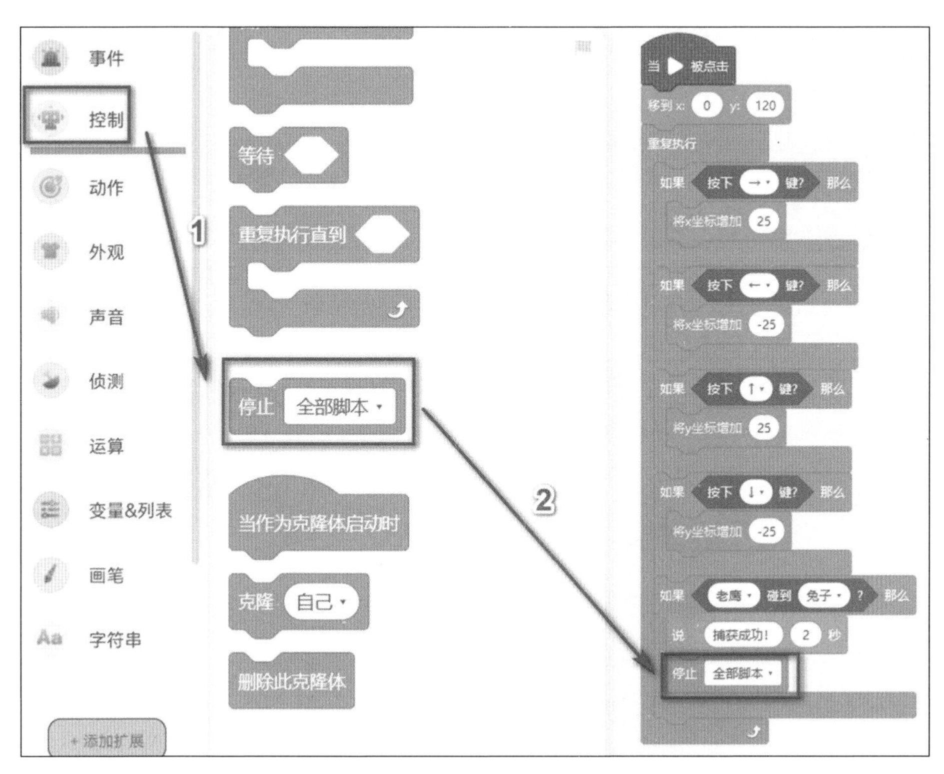

图 5-27　拖曳“停止全部脚本”积木

5. 运行程序

点击舞台编辑区的 ▶运行 按钮，将程序运行起来，“老鹰”飞到天上捕食“兔子”，我们来通过键盘的“←”“→”“↑”“↓”控制“老鹰”的位置，完成捕食的整个过程。

本案例角色“兔子”的最终代码如图 5-28 所示。

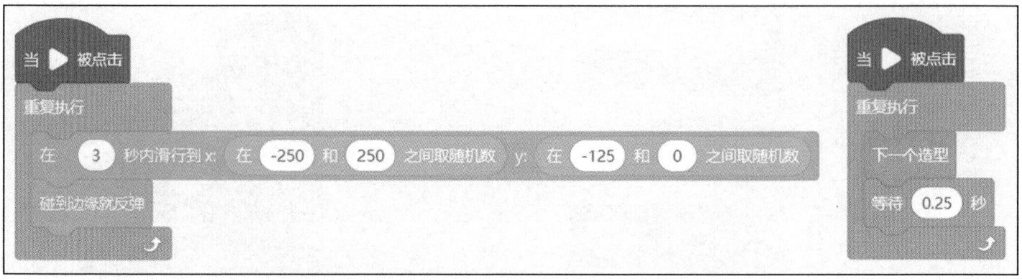

当 被点击
重复执行
在 3 秒内滑行到 x: 在 -250 和 250 之间取随机数 y: 在 -125 和 0 之间取随机数
碰到边缘就反弹
当 被点击
重复执行
下一个造型
等待 0.25 秒

图 5-28 “兔子”最终代码

本案例角色“老鹰”的最终代码如图 5-29 所示。

当 被点击
移到 x: 0 y: 120
重复执行
如果 按下 → 键? 那么
将x坐标增加 25
如果 按下 ← 键? 那么
将x坐标增加 -25
如果 按下 ↑ 键? 那么
将y坐标增加 25
如果 按下 ↓ 键? 那么
将y坐标增加 -25
如果 老鹰 碰到 兔子 ? 那么
说 捕获成功! 2 秒
停止 全部脚本
当 被点击
重复执行
下一个造型
等待 0.25 秒

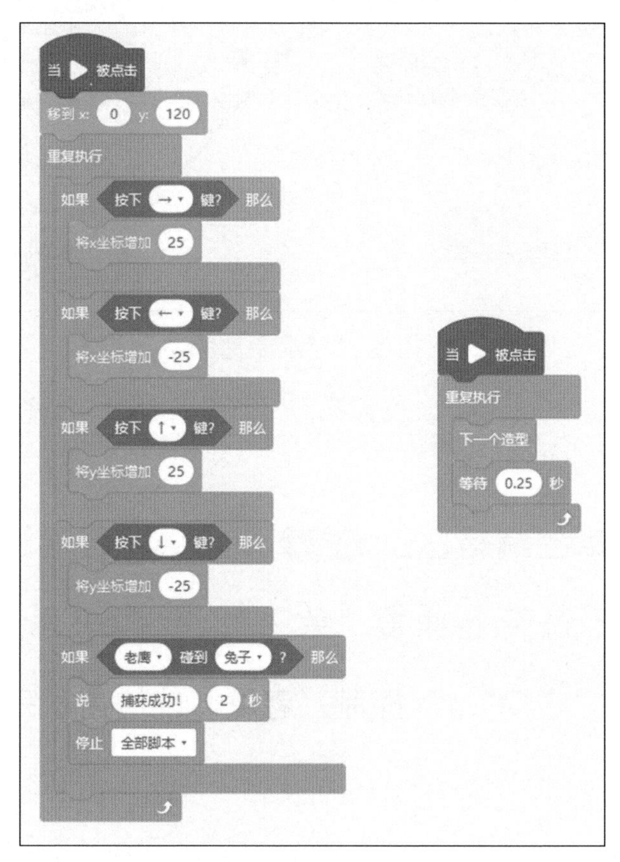

图 5-29 “老鹰”最终代码

程序代码运行效果如图 5-30 所示。

图 5-30 程序运行最终效果

现在已经完成了所有编程创作，检查一下是否和演示程序一致。

5.4.3 动动手：保存作品

参考第 1 章的两种方法，将这个新作品保存至专属文件夹或个人中心。

5.5 理一理：编程思路

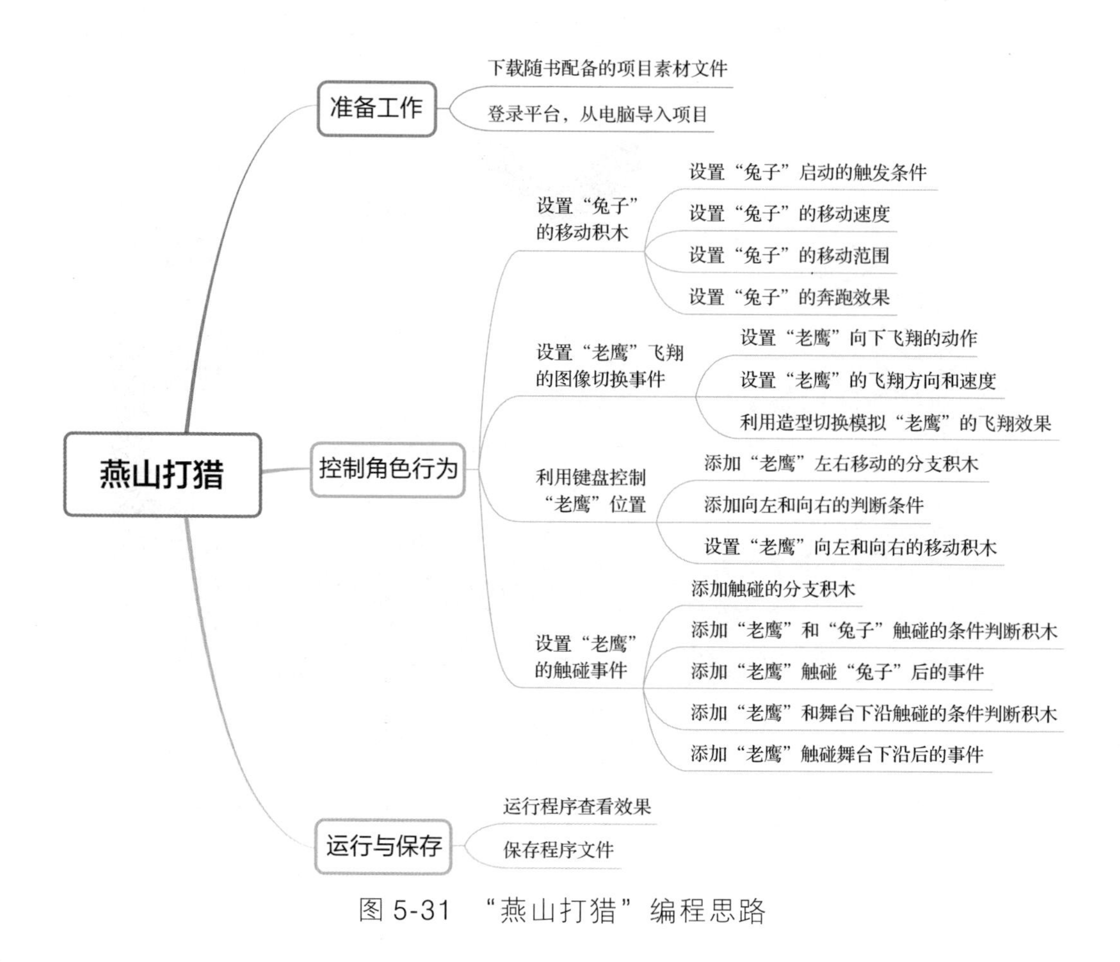

图 5-31 “燕山打猎”编程思路

5.6 学做小小程序员

通过学习本案例，我们获得了以下知识。

1. 侦测与控制

侦测积木是不能单独使用的，需要与其他积木配合使用。它是用来检测舞台上角色或者背景某一个参数的变化，并将检测结果传递给条件表达式，为后续的程序提供执行的依据。在“燕山打猎”中，我们需要利用键盘的方向按键实现对“老鹰”移动的控制，根据场景分析，“老鹰”有四个移动方向，分别是：上、下、左和右。程序设计时这 4 个方向分别对应按键的 4 个方向键，需要使用到侦测积木 按下 ↑ 键? ，来检测是否有对应的按键被按下。

2. 数据运算

角色位置使用坐标来表示的，而角色位置的移动实际上就是坐标大小的变化。我们可以通过数据运算中的四则运算来实现坐标的变化。在“燕山打猎”中，我们使用键盘按键控制“老鹰”移动，每按一次按键，“老鹰”需要移动一定的距离。在程序设计时，我们通过分析该方向移动对应变化的坐标，并规定移动距离的大小就完成了移动。例如，使用按键“↑”，将会改变 y 轴坐标，我们规定每按一次移动 25 长度的距离，这时我们使用积木 将y坐标增加 25 来完成移动。

3. 随机数

在编程中，我们有时不需要提前规定好的数字，而是需要一个随机产生的数字，这就是随机数的生成。积木 在 1 和 10 之间取随机数 可以在指定数字范围内随机生成一个整数，为接下来的程序提供运算的数据。在“燕山打猎”中，我们需要控制“老鹰”去抓“兔子”。而“兔子”在舞台上随机“跑动”，这时“兔子”的位置就是一个随机数。所以我们利用积木 在 1 秒内滑行到 x: 21 y: -21 实现移动，使用积木 在 1 和 10 之间取随机数 来实现坐标 x 和坐标 y 值的随机生成。

4. 复杂的嵌套结构

本章我们依然使用了嵌套结构。“燕山打猎”的程序开始运行后，我们需要利用积木 重复执行 持续控制“老鹰”的移动。因为“老鹰”有 4 个移动方向，所以，需要使用积木 如果 那么 来判断对应的按键。这时就需要将 4 个积木 如果 那么 放到积木 重复执行 中，并设定不同的侦测条件来实现移动控制。

5.7 走近信息科学

在信息科技的时代，数字作品的产生和传播已经成为我们生活中不可缺少的一部分。这些作品包括了文字、图片、音频、视频等各种形式。但是，数字作品的产生和传播也面临着一些问题，其中最重要的问题就是版权的归属。

数字作品的版权是指对数字作品拥有的一系列权利，

包括但不限于所有权、使用权、复制权、修改权、分发权等。在数字作品的创作和传播过程中，如果数字作品的版权没有得到妥善保护，就会遭受盗版、抄袭等侵权行为的侵害，从而使所有者的利益和声誉受损。

同学们在校园中同样需要关注数字作品的版权保护，例如为参加比赛制作的动画作品、用软件绘制的图画、谱写的音乐，都凝聚了同学们的智慧和心血。如果作品被抄袭，就意味着版权被侵犯了。试想一下，自己认真完成的作品被人复制、篡改或者未经允许分发后，会是怎样的心情。

因此，我们需要遵守一些信息行为规范来保护数字作品所有者的权益。首先，我们需要尊重数字作品的版权，不得随意复制、修改、分发等。如果需要使用数字作品，应该获得数字作品所有者的授权和许可。其次，我们需要保护数字作品的安全，可以通过定期备份、加密存储等措施，来避免数字作品被盗窃或损坏。最后，我们需要支持数字作品的合法交易，避免通过盗版等非法手段获取数字作品，从而维护数字作品所有者的权益。

在编程学习中，我们要遵守信息行为规范，从小树立版权意识和信息安全意识，避免在编程学习和实践中侵犯他人的版权和隐私。同时也要正确使用数字作品，禁止通过盗版、抄袭等不当手段获取数字作品，从而培养健康的信息行为习惯和良好的道德品质。

数字作品的产生和传播不仅可以促进数字经济的发展，还可以促进数字文化的传承和创新。因此，我们需要遵守信息行为规范，保护数字作品的版权和安全，促进数字作品的合法交易和良性发展。总之，信息行为规范是数字作品产生和传播过程中不可缺少的一部分，它不仅能够保护数字作品所有者的权益，还能够促进数字作品的合法交易和良性发展。

第 6 章

画沙思乡

万里赴戎（róng）机，关山度若飞。朔（shuò）气传金柝（tuò），寒光照铁衣。

——《木兰辞》

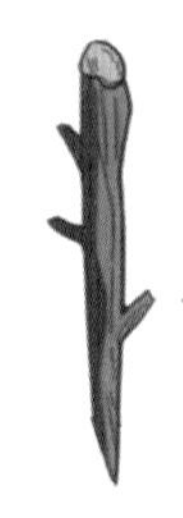

6.1 讲故事

燕山旁有一片茫茫的大漠，无边无际的沙漠像黄色的大海，太阳照在上面，万点金光闪耀。在这个广阔无垠的沙漠中，有时会显现城池的场景。有个老兵告诉木兰，这是一种叫作海市蜃（shèn）楼的自然现象。

木兰看着幻象城池中熙（xī）熙攘（rǎng）攘的人群，觉得跟家乡十分相像，思乡心切的木兰想起爸爸妈妈的殷切期盼，想起跟弟弟一起骑马射箭的场景。每每想到这些，木兰都会从行囊（náng）中拿出爸爸送的画卷，来缓解思乡的情绪。

有时，木兰坐在沙堆上，伴着微弱的月光，用枯枝在黄沙上描绘当天的见闻，有时画日月，有时画星辰，有时描绘山川，有时记录河流。与此同时，木兰的爸爸妈妈也会抬头望着天上的明月，仿佛月亮中能看到木兰开心的笑容。

不过，来不及烦恼，为了打败敌人，士兵们在微弱的月光下连夜赶路，忍受着北方的寒冷，翻山越岭，不远万里奔赴战场。每当木兰看见小伙伴们个个精神饱满，士气激昂，她心想自己也能和大家一样，勇敢坚毅，捍卫国家。想到这，木兰觉得自己成长了，很替自己高兴。

成长有时就是一瞬间，如果能够乐观面对风雨的磨砺（lì），辉煌与精彩的时刻就会随之到来。

6.2 看程序

扫描二维码，按以下方法操作，可以看到本案例的呈现效果。

1）接下来让我们开始运行程序吧！点击 ▶运行 按钮，启动程序。

2）点击“枯枝”角色，呈现“枯枝”造型，如图 6-1 所示。

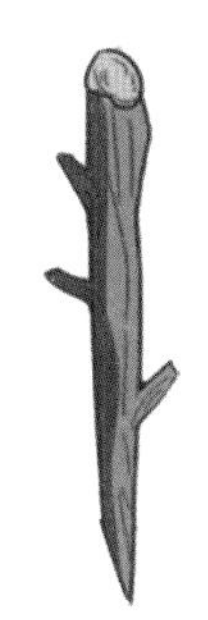

图 6-1 “枯枝”造型

6.3 学设计

这个程序展示了“使用枯枝在沙地画画”场景，设计思路和实现方法如下。

1）布置舞台场景。

2）创建“枯枝”角色。

3）程序运行后，“枯枝”随着鼠标在舞台上移动。

4）按下鼠标左键并保持按下的状态，可以移动鼠标绘制图案。

5）松开鼠标左键，画笔抬起，停止绘制。

6）之后还可多次按下或松开鼠标左键，来完善自己的画作。

6.4 编写程序

若想实现“使用枯枝在沙地画画”程序模块的功能，具体方法如下。

6.4.1 动动手：布置舞台

首先需要准备好本案例所需资源“6. 画沙思乡”文件夹，再利用这些资源布置舞台。

按如下流程操作：

1）在图形化编程环境下，点击“文件”菜单，选择“从电脑导入”命令，如图 6-2 所示。

2）在弹出的“打开文件”对话框中，找到编程资源“6. 画沙思乡”文件夹的位置，选择“6. 画沙思乡 – 基础

案例 .ppg”文件，点击“打开”按钮，完成“6. 画沙思乡 – 基础案例 .ppg”文件的导入操作，如图 6-3 所示。

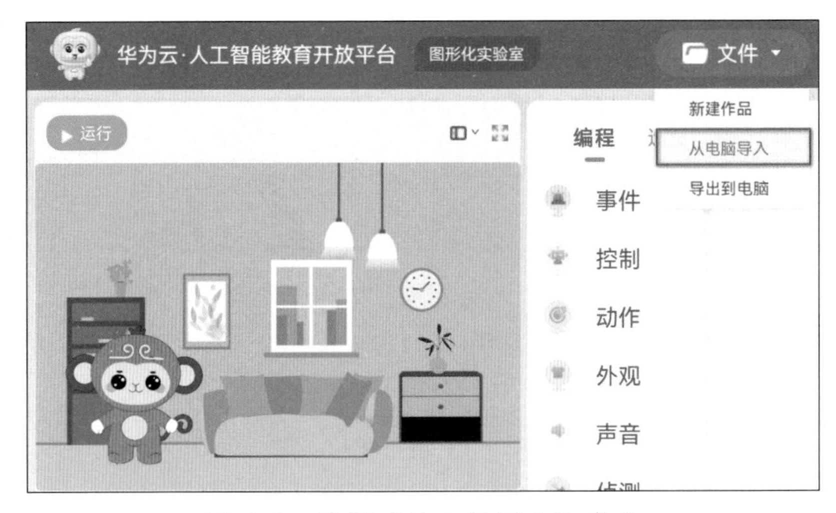

图 6-2 选择“从电脑导入”命令

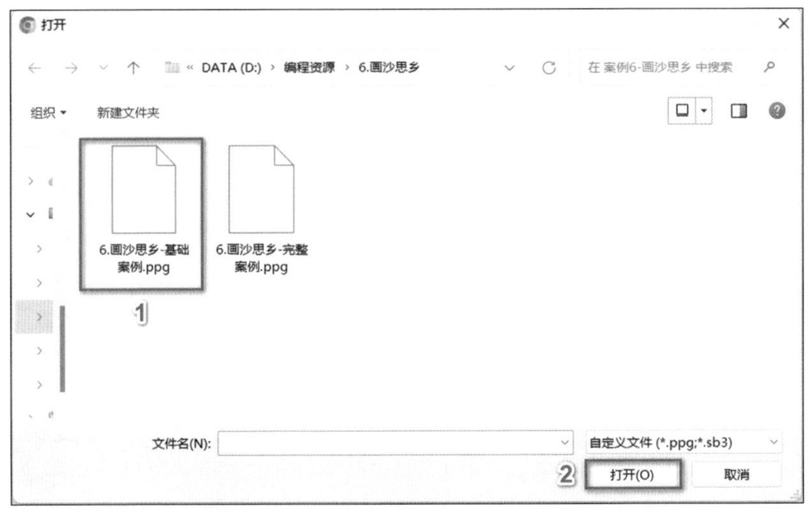

图 6-3 选择“6. 画沙思乡 – 基础案例 .ppg”文件

上述操作完成后，布置的舞台效果，如图 6-4 所示。

图 6-4 舞台效果图

6.4.2 动动手：搭积木

按如下流程操作完成“画沙思乡”的积木搭建。

1. 控制程序脚本运行

添加程序启动的触发条件。点击“已选素材区”的“枯枝”，将鼠标移至“事件”类积木中找到积木 当 ▶ 被点击 ，把它拖曳到积木块编辑区，如图 6-5 所示。

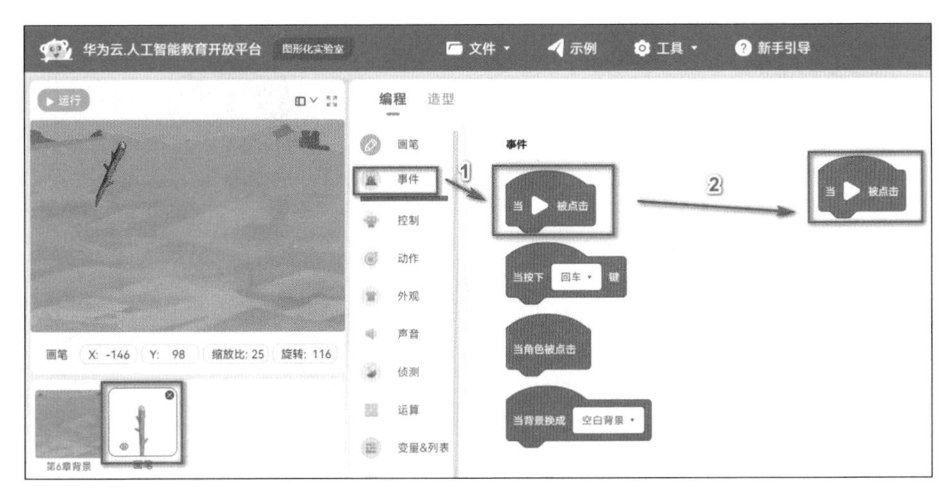

图 6-5　拖曳“当运行被点击”积木

2. 编写“枯枝”画笔的属性积木

1）设置画笔的粗细，在“画笔”类积木中找到积木 将笔的粗细设为 1 拖曳到积木块编辑区的积木 当 ▶ 被点击 下面，将积木中的 将笔的粗细设为 1 粗细值设置为 15，如图 6-6 所示。

2）设置画笔的颜色，在“画笔”类积木中找到积木 将笔的颜色设为 ，把它拖曳到积木块编辑区的积木 将笔的粗细设为 15 下面，如图 6-7 所示。

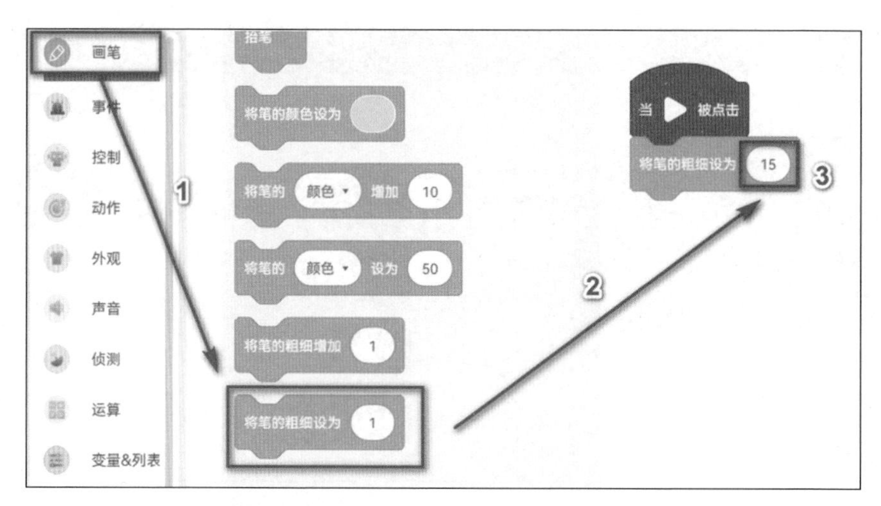

图 6-6　拖曳“将笔的粗细设为 1”积木

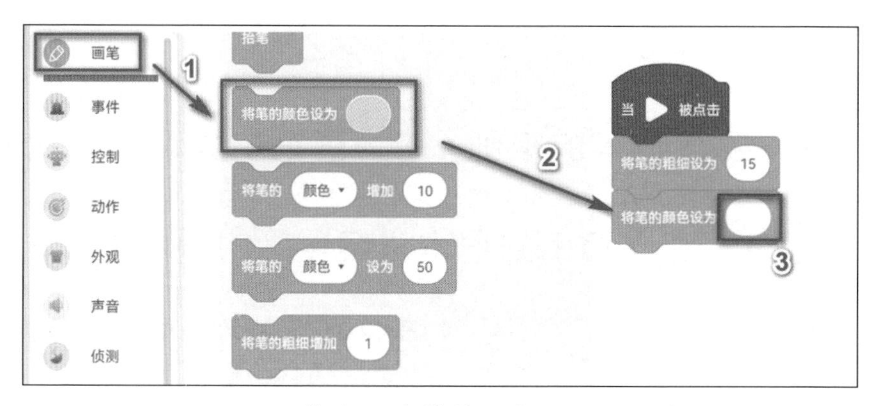

图 6-7　拖曳“将笔的颜色设为”积木

然后，点击积木 将笔的颜色设为 的 区域，进行颜色选择，设置颜色值为喜欢的颜色，本例中使用白色，颜色值为“0”，饱和度为“0”，亮度为“100”，如图 6-8 所示。

图 6-8 设置画笔颜色为白色

3. 编写“枯枝”跟随鼠标移动的动作积木

1）在“控制”类积木中找到积木，把它拖曳到积木块编辑区中积木下面。积木的作用是让“枯枝”画笔在程序运行过程中一直跟随鼠标移动，如图 6-9 所示。

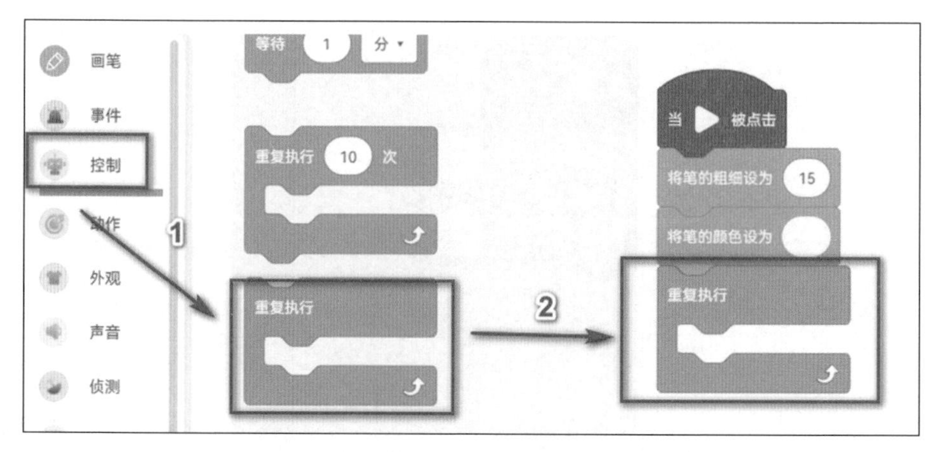

图 6-9　拖曳“重复执行”积木

2）在“动作”类积木中找到积木 ，把它拖曳到积木块编辑区的积木 中，并改为“鼠标指针”，如图 6-10 所示。

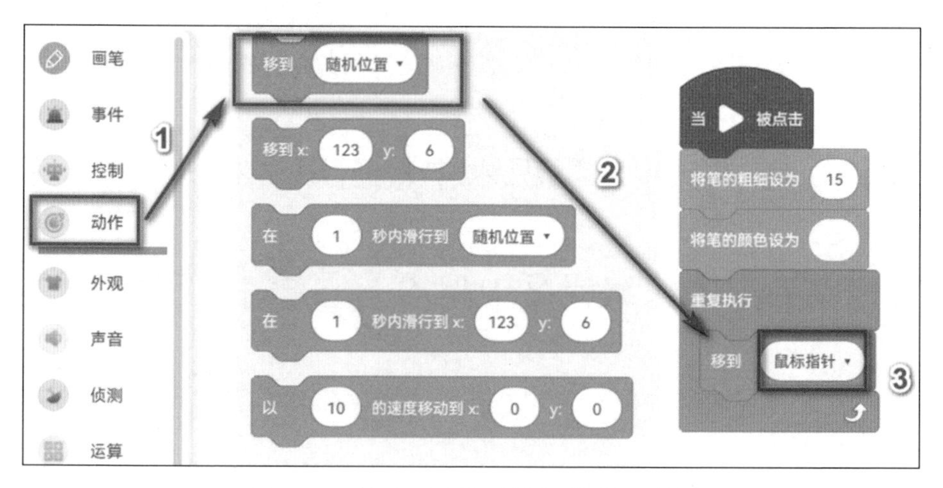

图 6-10　拖曳“移到随机位置”积木

4. 编写画笔抬笔和落笔的控制积木

1）添加抬笔和落笔的分支积木。在“控制”类积木中找到积木 如果 那么 否则 ，把它拖曳到积木块编辑区的积木 重复执行 中，放置在积木 移到 鼠标指针 下面，如图 6-11 所示。

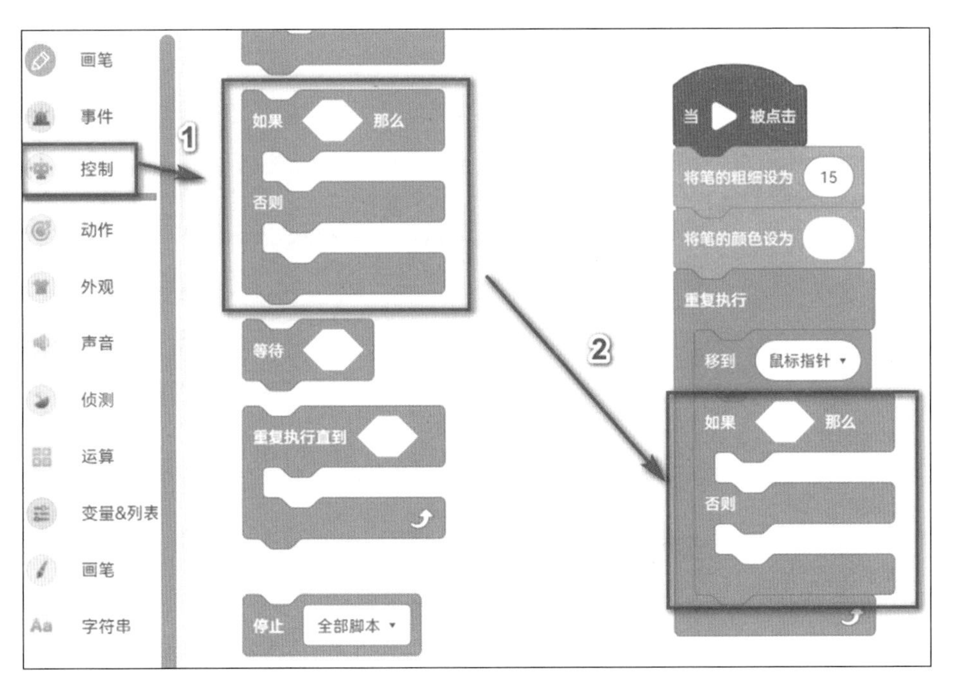

图 6-11 拖曳“如果 – 那么 – 否则”积木

2）添加画笔落笔的判断逻辑积木。在“侦测”类

积木中找到积木 按下鼠标? 拖曳到积木块编辑区的积木

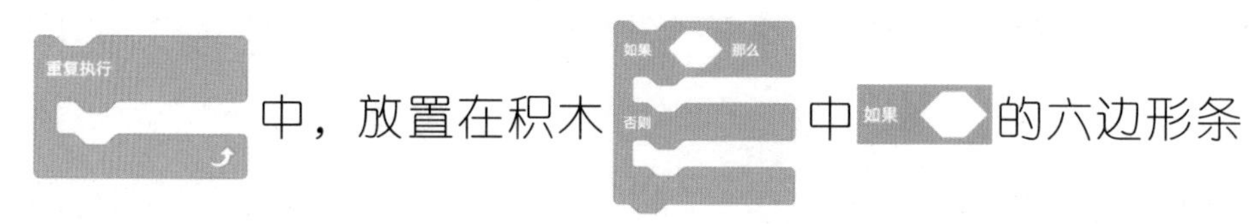

中，放置在积木中的六边形条件框上，如图 6-12 所示。

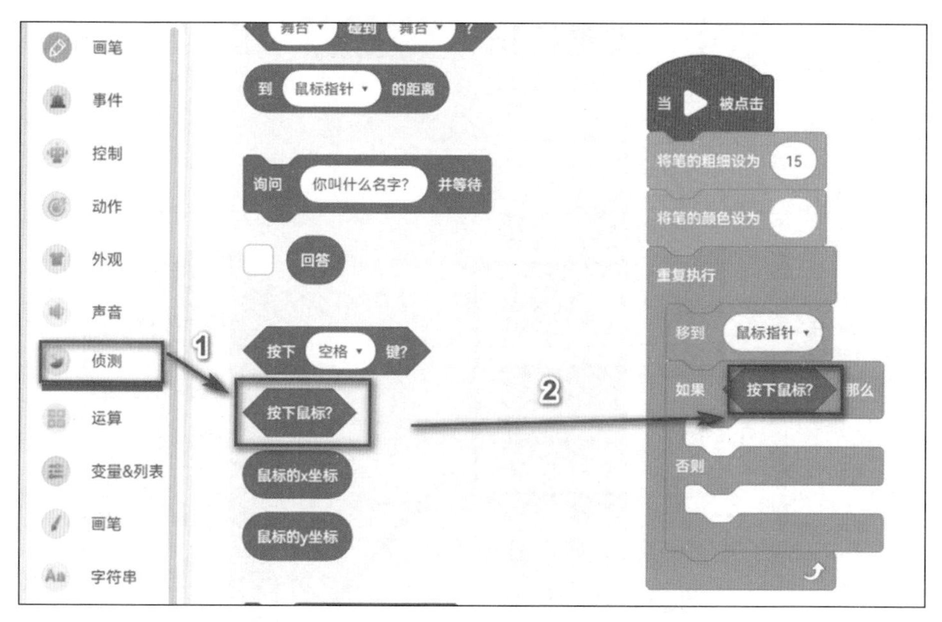

图 6-12　拖曳“按下鼠标?”积木

3）添加抬笔和落笔事件。在“画笔”类积木中找到积木 落笔 ，放到积木 如果 按下鼠标? 那么 否则 中的 如果 按下鼠标? 那么 下面，

然后找到积木 抬笔 ，放到积木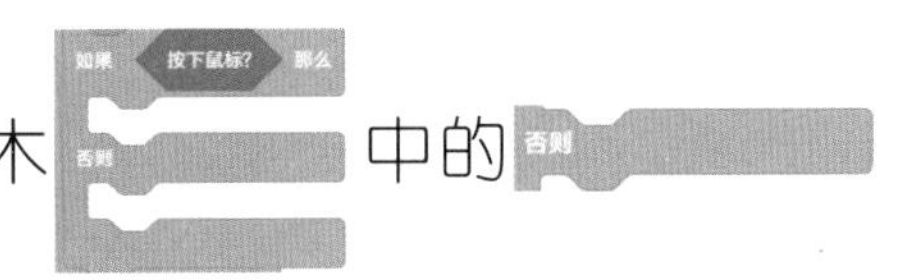

中的 否则 下面，如图 6-13 所示。

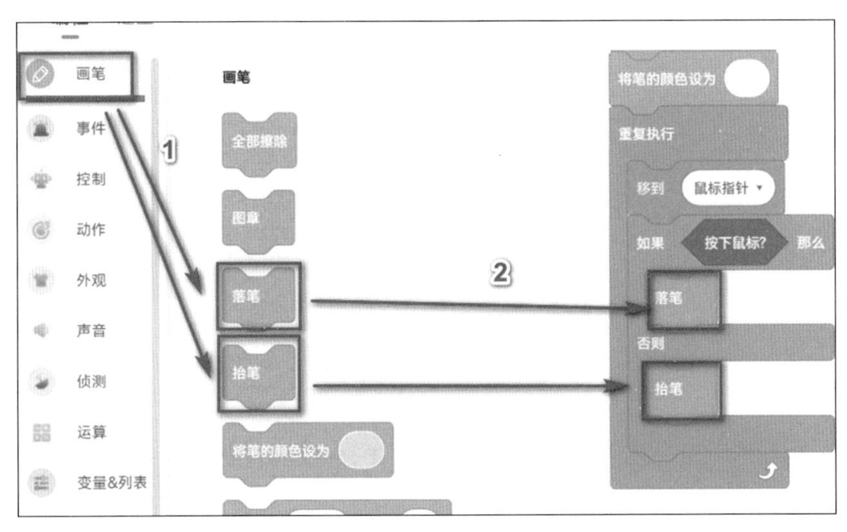

图 6-13　拖曳“落笔”和“抬笔”积木

5. 运行程序

点击舞台编辑区的 ▶运行 按钮，将程序运行起来，就可以让故事中的“枯枝”在沙地上画画啦。我们可以在沙地上画出太阳、月亮、山川和河流，一起来体会木兰的思乡之情。

本案例“枯枝”画笔的最终代码如图 6-14 所示。

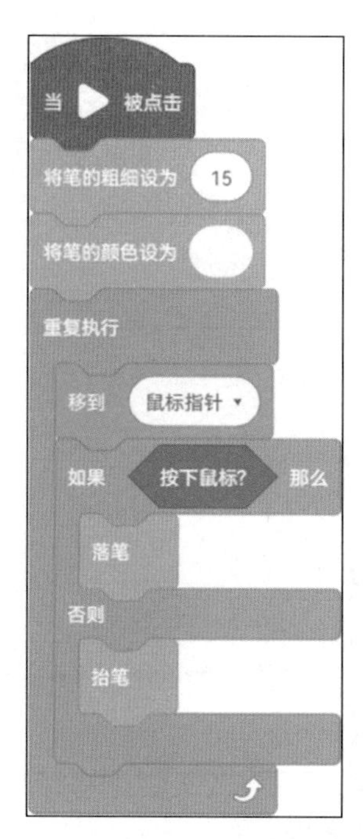

图 6-14 “枯枝”画笔的最终代码

程序代码运行效果如图 6-15 所示。

图 6-15 程序运行最终效果

现在已经完成了所有编程创作，检查一下是否和演示程序一致。

6.4.3 动动手：保存作品

参考第 1 章的两种方法，将这个新作品保存至专属文件夹或个人中心。

6.5 理一理：编程思路

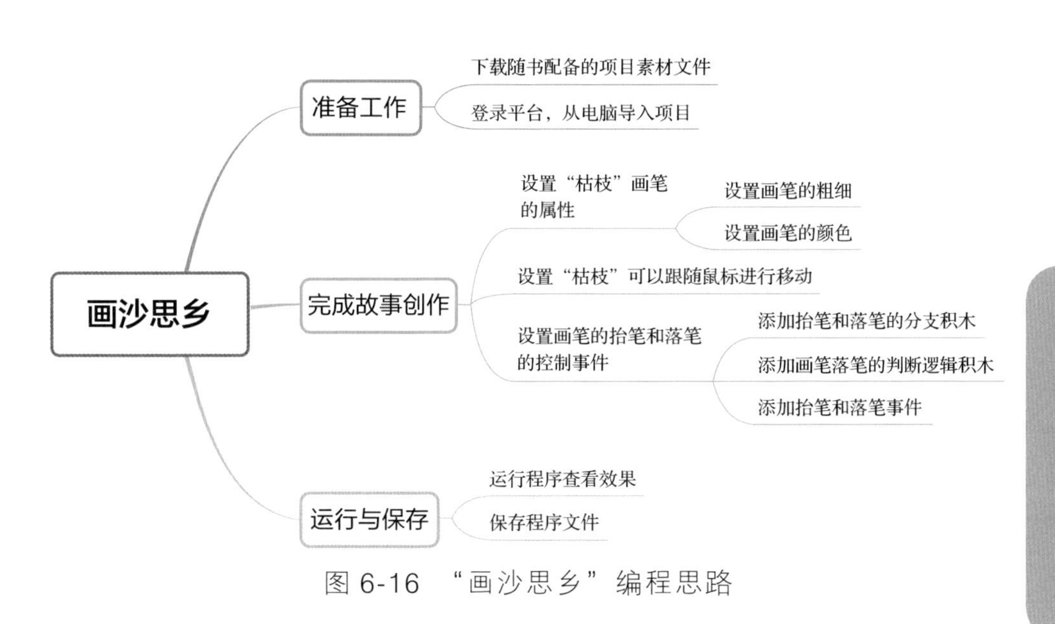

图 6-16 “画沙思乡”编程思路

6.6 学做小小程序员

通过学习本案例，我们获得了以下知识。

1. 画笔的控制

图形化编程中，画笔的功能非常强大。我们可以利用画笔在舞台上绘制各种各样的图形。事实上，每个角色都有一支看不见的画笔。初始状态我们即便移动角色也看不到画笔，这是因为此时画笔还是抬起的状态，只有将画笔落下，才能够显示绘制的图像。所以画笔有抬起和落下两种状态，我们可以通过积木 落笔 和积木 抬笔 来使用画笔功能。在“画沙思乡”中，使用画笔的角色是“枯木”，使用积木 落笔 配合 按下鼠标? ，当我们按下鼠标时开始绘制，抬起鼠标后使用积木 抬笔 停止绘制。

2. 画笔属性的设置

在日常生活中，我们有多种多样的画笔，它们粗细不同、颜色不同，可以满足我们各种绘图的需要。在图形化编程中，我们在学会控制画笔进行绘制后，还应学会如何设置画笔的属性。画笔的属性有大小、粗细、颜色、亮度等，需要在“画笔”类积木中找到对应的积木，来完成属性设置。在“画沙思乡”中，我们需要更改画笔的粗细和颜色，使用积木 将笔的粗细设为 1 更改画笔的粗细为“15”，使用积木 将笔的颜色设为 更改画笔的颜色为“白色”。

3. 复杂的嵌套结构

三种程序基本结构（顺序结构、条件结构、循环结构）互相结合使用。这就是结构的嵌套，即在某一个结构内部插入另一个结构。在“画沙思乡”中控制“枯枝”绘图时，我们是使用鼠标按键来控制画笔的显示状态的，当按下鼠标时，立即落笔开始绘制。所以程序需要时刻检测是否按下了鼠标，利用积木 重复执行 实现时刻检测。另外如果按下鼠标就使用积木 落笔 ，反之使用积

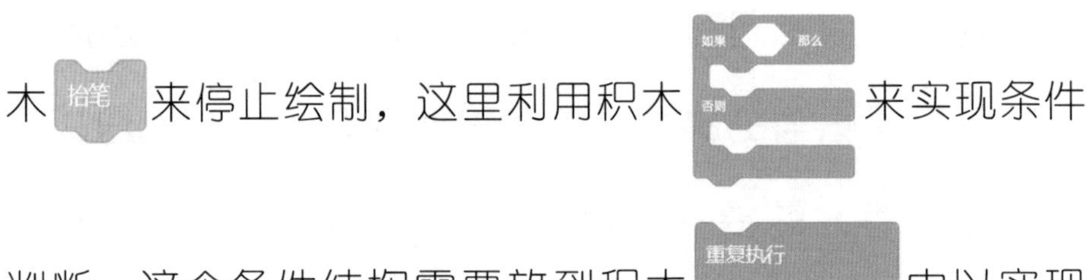

木（抬笔）来停止绘制，这里利用积木（如果……那么……否则）来实现条件判断，这个条件结构需要放到积木

中以实现功能。

6.7 走近信息科学

数字化学习平台与工具是现代教育不可或缺的一部分，它们为学生提供了更加自由、灵活和多样化的学习方式。数字化学习平台和工具的发展，让学生可以在不同地点通过网络学习课程、参加在线讨论、完成作业、参加考试等，这些都是传统教育不具备的优势。同时，数字化学习平台和工具也为学生提供了更加丰富多彩的学习资源，如视频教程、在线图书馆、编程工具等，这些资源可以满足学生不同的学习需求和兴趣爱好。

在学习编程时，选择合适的数字化学习平台和工具是非常重要的。首先，学生需要了解自己的学习需求和目标，比如想学习哪种编程语言、想要达到什么水平等。然后，学生可以通过网络搜索、咨询老师或同学等方式，了解不同的数字化学习平台和工具的特点和差异。在比较中，学生需要关注平台和工具的适用范围、功能、易用性、安全性等方面，以便选择最适合自己学习需求和学习风格的数字化学习平台和工具。

例如，对于初学者来说，基于图形化编程平台是一个非常好的编程学习平台。它提供了简单易用的编程界面和丰富的编程资源，可以帮助学生快速掌握编程基础知识和技能。它提供了许多不同的编程课程和项目，可以帮助学生深入学习编程语言和技术，并提供在线编程环境和交互式编程练习，让学生可以更加深入地了解编程。

数字化学习平台和工具的使用，可以让学生在不同的时间和地点进行学习，无须受时间和空间的限制。这使学生可以更加自由地安排学习时间，充分利用碎片化时间进行学习。同时，数字化学习平台和工具也可以帮助学生更好地掌握学习进度和效果，如记录学习时间、完成情况、成绩等，让学生能及时调整学习计划和方法，提高学习效率和质量。

总之，数字化学习平台和工具是现代教育的重要组成部分，为学生提供了更加自由、灵活和多样化的学习方式。选择合适的数字化学习平台和工具，可以帮助学生更好地掌握编程知识和技能，并在未来的学习和生活中更加自信和独立。

第 7 章

巧计破敌

将军百战死，壮士十年归。

——《木兰辞》

7.1 讲故事

经历十年惨烈的战争，木兰从百夫长成长为将军。当双方战事胶着，为了缓解紧张情绪，木兰有时会跟萧炎、独孤征去山中打猎，带回野味犒（kào）劳大家。

有一次，几人正在山中打猎，身经百战的木兰听到远处传来微弱的响动。

“嘘！好像有动静。”木兰对众人说道，同时熟练地下马，伏在地上探听情况，果然听到几个人跑动的声音。众人把马拴在附近的树上，悄悄地向那边靠近，果然不一会儿就看到草丛里有四五个身影在动。

“好像是山猫！”木兰轻声说着，连忙抽出弓箭瞄准。

这时，一只“山猫”突然挺起身来，木兰连发两箭，

“山猫”大叫一声倒在地上。剩下的几只“山猫”竟一个个挥刀站了起来，原来这不是真的山猫，而是柔然的斥候，潜伏在这里打探木兰部队的情况。

木兰一箭射死了想要逃跑的敌人，萧炎和独孤征也立马抽刀将几个柔然斥候拿下。木兰思考了一会儿便对萧炎说：“这里距离敌军很远，遇到斥候必然有缘故，今晚好好审问一下。”

经过一夜的审问，原来柔然的主力想要突袭关山的要塞，一旦成功整个战局都对木兰的军队非常不利。了解情况后，几人连夜商量对策，木兰从小熟读兵法，提出了一个妙计。

柔然发起突袭的必经之路上有一处山谷，山上被厚厚的雪包裹着，山谷中的道路也比较狭窄，木兰建议在这里埋伏。众人准备多日，等到柔然敌军进入山谷后，将军下令投下巨石，柔然军队被打得措手不及，四散奔逃。

木兰从小熟读兵书，之前的努力在这一刻绽放出耀眼的光芒。

7.2 看程序

扫描二维码，按以下方法操作，可以看到本案例的呈现效果。

1）接下来让我们开始运行程序吧！点击 ▶运行 按钮，启动程序。

2）点击“士兵”角色，呈现“士兵”造型，如图 7-1 所示。

图 7-1 “士兵”造型

3）点击“石头”角色，呈现“石头”造型，如图 7-2 所示。

图 7-2 “石头”造型

7.3 学设计

这个程序展示了“木兰投石击退敌军”场景，设计思路和实现方法如下。

1）布置舞台场景。

2）创建“士兵”和“石头”造型。

3）程序启动后，“士兵”出现在初始位置。

4）根据场景设置一段时间间隔后，在上方随机位置不断出现“石头”，并自由落下。

5）用键盘控制下方的“士兵”左右移动。

6）当“石头”与“士兵”触碰时，“石头”就砸到了“士兵”，我们要控制“士兵”移动来承受更多“石头”的打击。

7.4 编写程序

若想实现“木兰投石击退敌军”程序模块的功能，具体方法如下。

7.4.1 动动手：布置舞台

首先需要准备好本案例所需资源“7. 巧计破敌”文件夹，再利用这些资源布置舞台。

按如下流程操作：

1）在图形化编程环境下，点击“文件”菜单，选择“从电脑导入”命令，如图 7-3 所示。

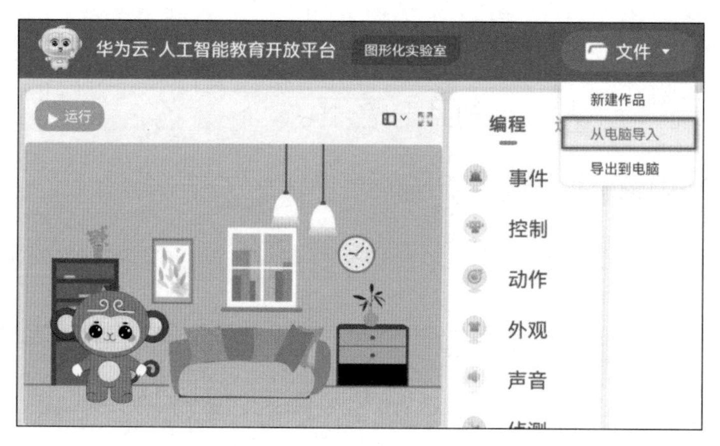

图 7-3 选择“从电脑导入”命令

2）在弹出的“打开文件”对话框中，找到编程资源“7. 巧计破敌”文件夹的位置，选择“7. 巧计破敌 - 基础案例 .ppg”文件，点击“打开”按钮，完成“7. 巧计破敌 - 基础案例 .ppg”文件的导入操作，如图 7-4 所示。

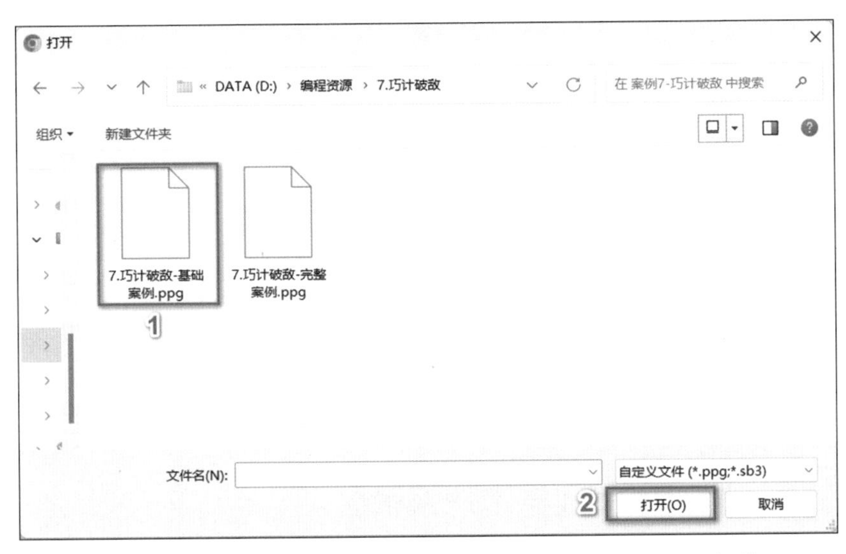

图 7-4　选择“7. 巧计破敌 – 基础案例 .ppg”文件

上述操作完成后，布置的舞台效果，如图 7-5 所示。

图 7-5　舞台效果图

7.4.2 动动手：搭积木

按如下流程操作完成“巧计破敌”的积木搭建。

1. 编写“士兵”的动作积木

1）设置“士兵”的启动条件。点击“已选素材区”的“士兵”，将鼠标移至“事件”类积木中找到积木 当▶被点击，把它拖曳到积木块编辑区。

2）设置“士兵”的初始位置。在“动作”类积木中找到积木 移到 x: 0 y: 0，把它拖曳到积木块编辑区中积木 当▶被点击 的下面。把积木 移到 x: 0 y: 0 中的 x 值设置为 30，y 值设置为 –90，如图 7-6 所示。

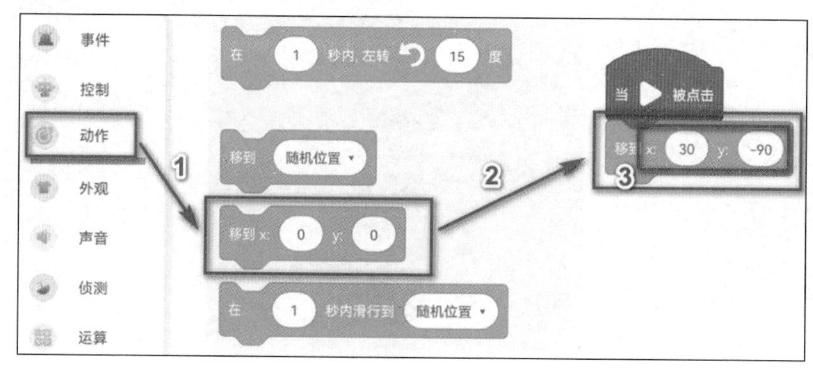

图 7-6　拖曳“移到指定位置”积木

3）设置“士兵”的键盘控制事件。在“控制”类积木中找到积木，把它拖曳到积木块编辑区中积木的下面，如图 7-7 所示。

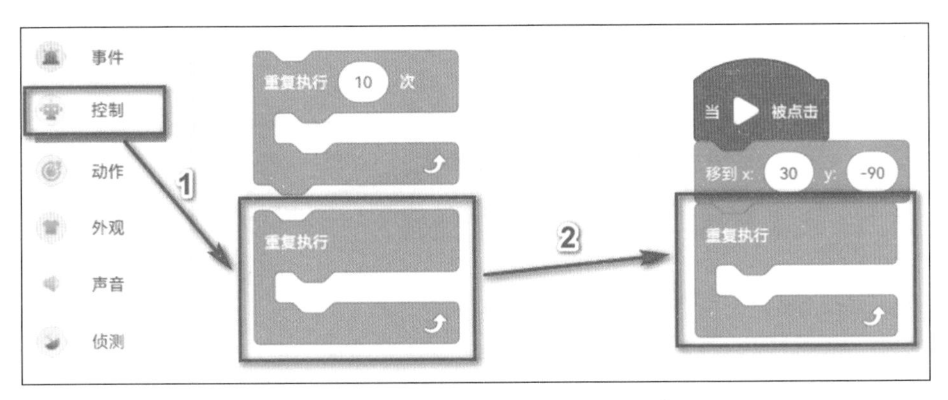

图 7-7 拖曳“重复执行”积木

4）在“控制”类积木中找到积木，把它拖曳到积木块编辑区的积木中，如图 7-8 所示。

5）在“侦测”类积木中找到积木，把它拖曳到积木块编辑区中积木的六边形条件框里。将积木 按下 空格 ▾ 键? 的“按键”设置为“→”，如图 7-9 所示。

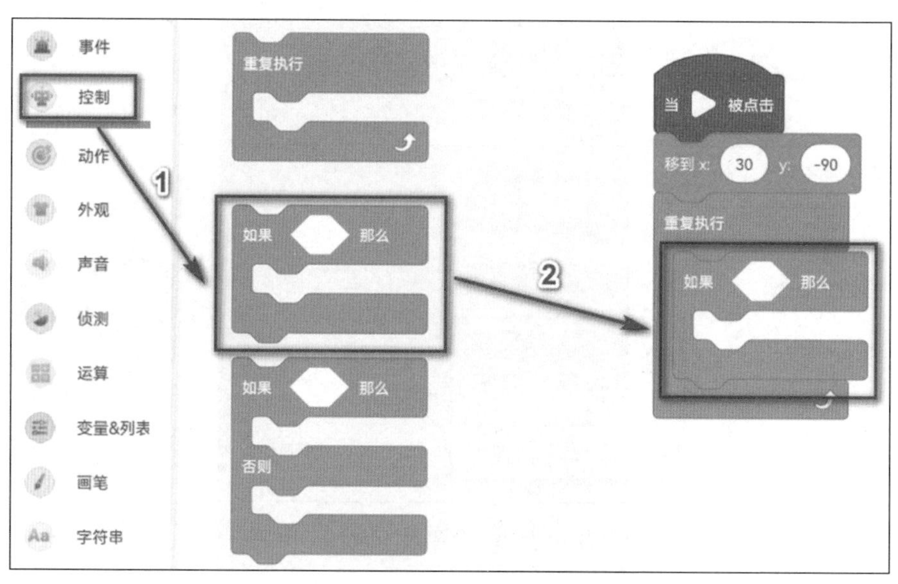

图 7-8　拖曳“条件判断”积木

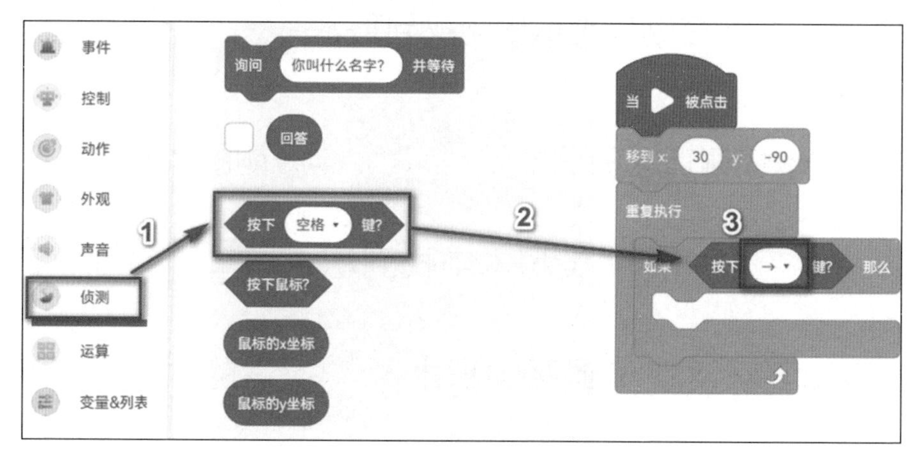

图 7-9　拖曳“按下空格键?”积木

6）在“动作”类积木中找到积木 移动 10 步 ，把它拖曳到积木块编辑区的积木 如果 那么 中。把积木 移动 10 步 移动步数设置成 20，如图 7-10 所示。

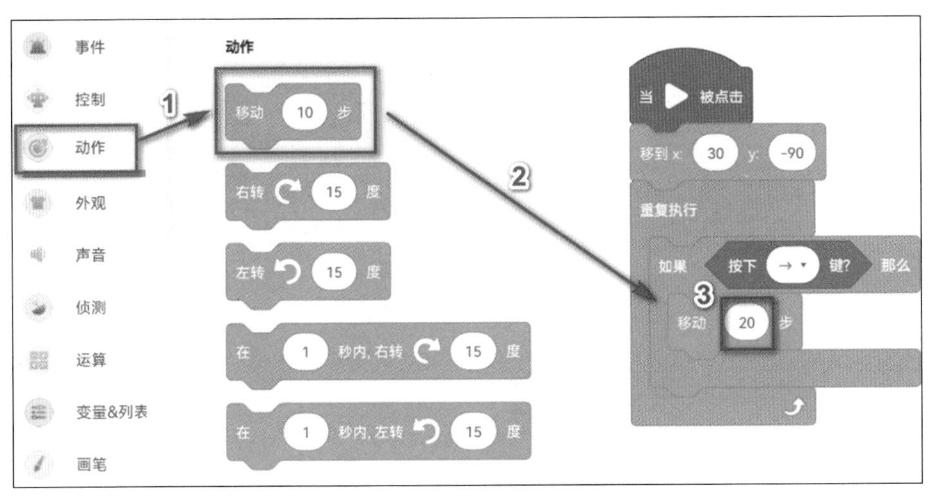

图 7-10　拖曳“移动 10 步”积木

7）选中积木 如果 那么 点击鼠标右键，在弹出的菜单中选择“复制”，可得到一套与步骤 4）～6）操作相同的积木组合，把得到的积木组合拖曳到积木块编辑区的 重复执行 中，放置到积木 如果 那么 下方。然后将积

木 按下 空格 键? 的“按键”设置为“←”，把积木 移动 10 步 移动步数设置成 -20，如图 7-11 所示。

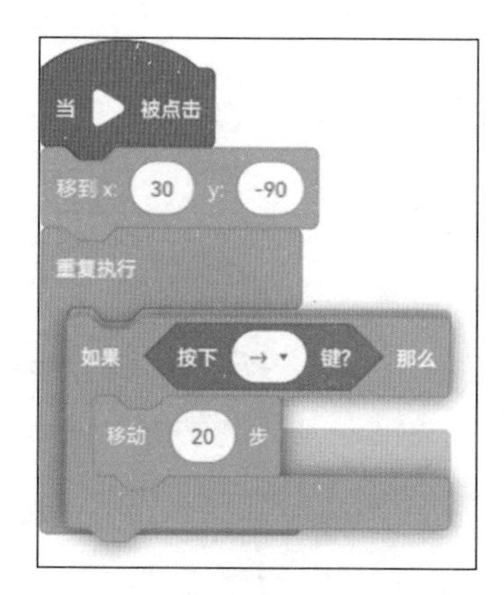

a）复制获得积木组合

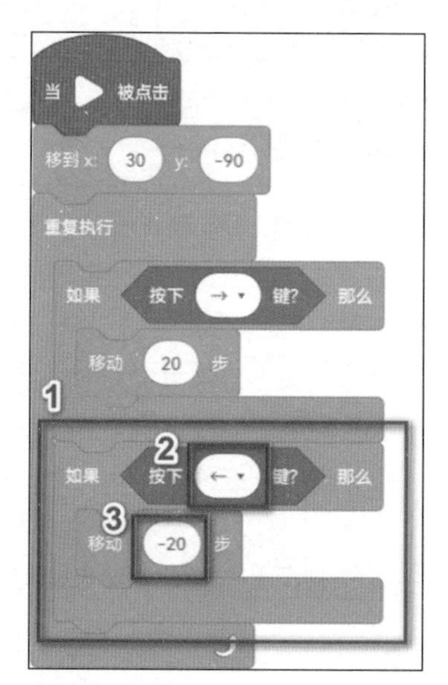

b）修改复制积木中按键和移动步数

图 7-11　复制积木组合

2. 控制“石头”的克隆体生成

1）设置“石头”的启动条件。点击“已选素材区”的“石头”，将鼠标移至“事件”类积木中找到积木 当 被点击，把它拖曳到积木块编辑区。

2）在“控制”类积木中找到积木 重复执行，把它拖曳到积木块编辑区中积木 当 被点击 的下方，如图 7-12 所示。

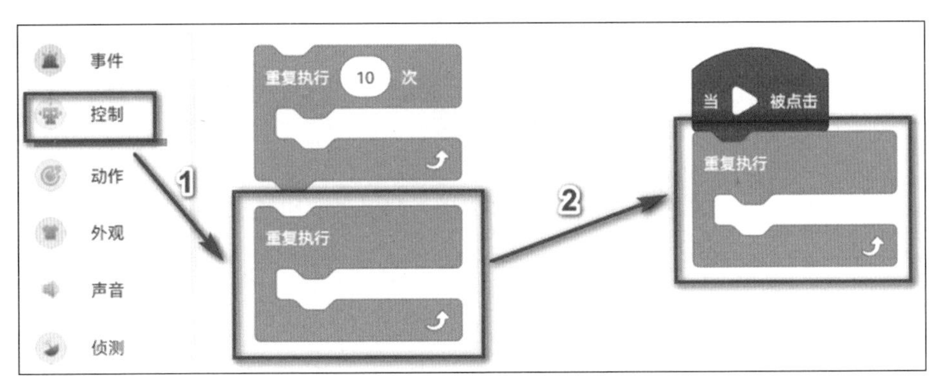

图 7-12　拖曳“重复执行”积木

3）设置“石头”的克隆体生成

在“控制”类积木中找到积木 克隆 自己，把它拖曳到积木块编辑区的积木 重复执行 中，如图 7-13 所示。

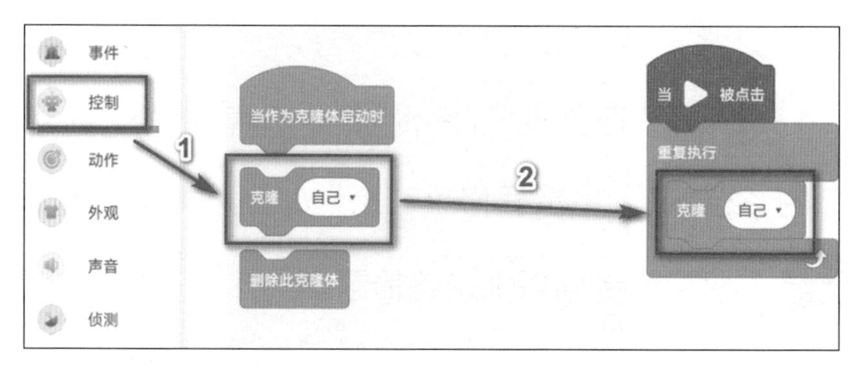

图 7-13　拖曳“克隆自己”积木

4）设置“石头”的克隆速度。

在“控制”类积木中找到积木，把它拖曳到积木块编辑区的积木中，放置到积木下面。将积木的等待时间设置为 2 秒，如图 7-14 所示。

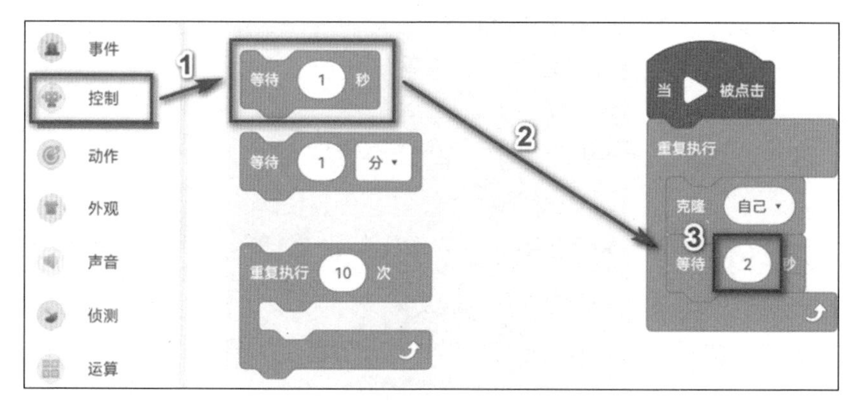

图 7-14　拖曳“等待 1 秒”积木

5）设置“石头”的初始显示状态。

在“外观”类积木中找到积木 隐藏 ，把它拖曳到积木块编辑区中积木 当▶被点击 和积木 重复执行 中间，如图 7-15 所示。

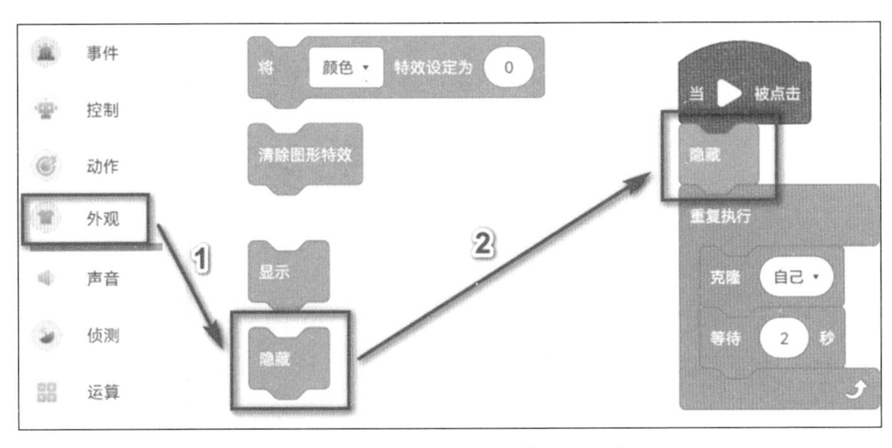

图 7-15　拖曳“隐藏”积木

3. 编写“石头”克隆体的动作积木

1）设置“石头”克隆体的启动条件。点击“已选素材区”的“石头”，将鼠标移至“控制”类积木中找到积木 当作为克隆体启动时 ，把它拖曳到积木块编辑区，如图 7-16 所示。

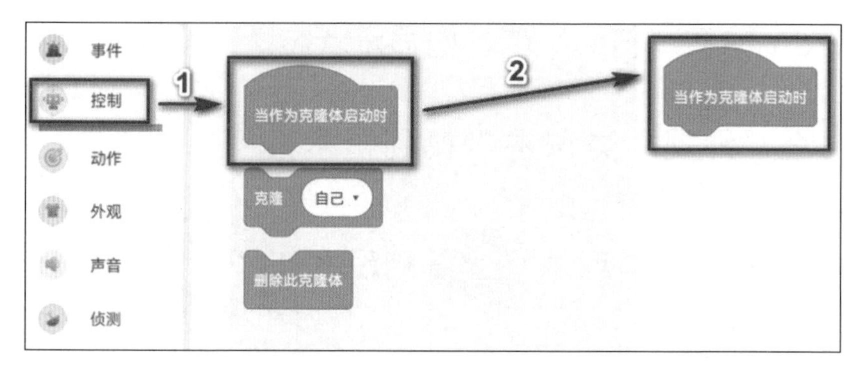

图 7-16　拖曳“当作为克隆体启动时”积木

2）设置“石头”克隆体的随机水平位置。在“动作”类积木中找到积木 移到 x: 0 y: 0 ，把它拖曳到积木块编辑区中积木 当作为克隆体启动时 的下面。将积木 移到 x: 0 y: 0 中 y 值设置为 100，确保“石头”的克隆体都出现在同一水平位置，如图 7-17 所示。

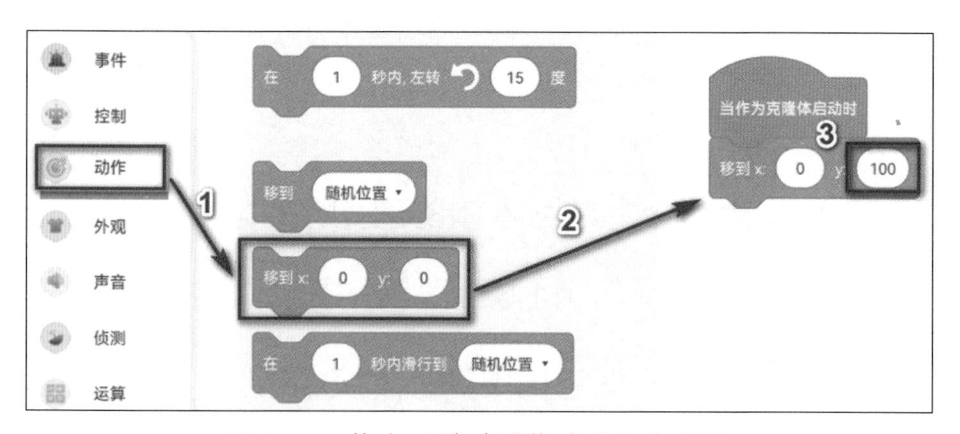

图 7-17　拖曳“移动到指定位置”积木

3）在“运算”类积木中找到积木 在 1 和 10 之间取随机数 ，把它拖曳到积木块编辑区中积木 当作为克隆体启动时 的下面，放置在积木 移到 x: 0 y: 100 的 x 值位置栏中。将积木 在 1 和 10 之间取随机数 的随机值范围设置为 -250 和 250，如图 7-18 所示。

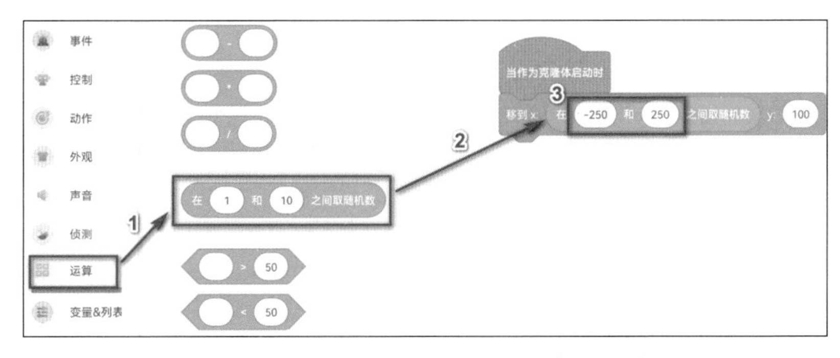

图 7-18　拖曳“生成随机数”积木

4）在“外观”类积木中找到积木 显示 ，拖曳到积木块编辑区中积木 移到 x: 在 -250 和 250 之间取随机数 y: 100 的下面，如图 7-19 所示。

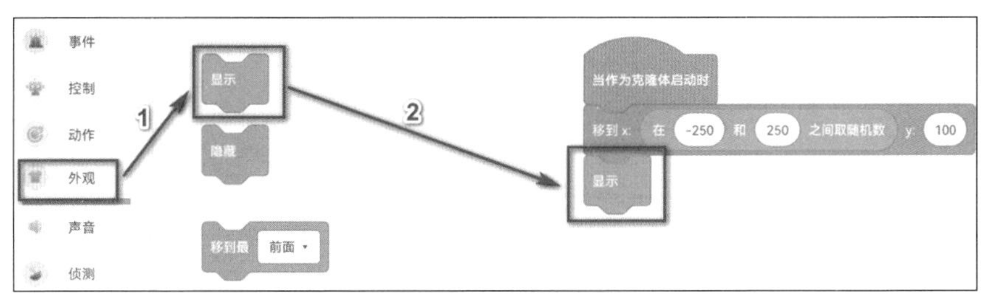

图 7-19　拖曳“显示”积木

5）设置“石头”克隆体的触碰事件。在“控制”类积木中找到积木 重复执行 ，把它拖拽到积木块编辑区中积木 当作为克隆体启动时 下面，如图 7-20 所示。

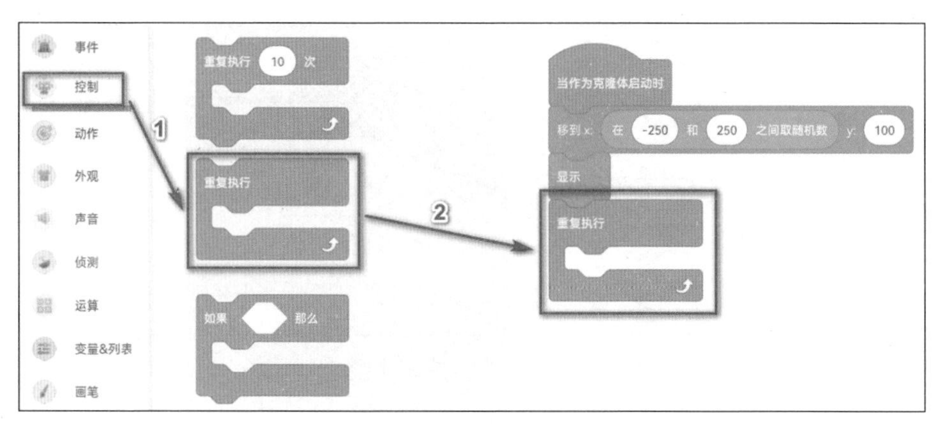

图 7-20 拖曳“重复执行”积木

6）在“动作”类积木中找到积木 将y坐标增加 10 ，把它拖曳到积木块编辑区的积木 重复执行 中。将积木 将y坐标增加 10 中 y 坐标增加数值设置为 –3，如图 7-21 所示。

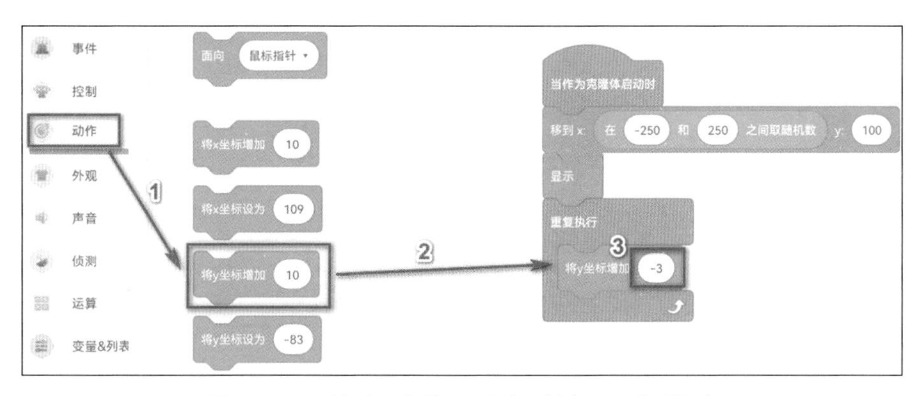

图 7-21　拖曳“将 y 坐标增加 10”积木

7）在“控制”类积木中找到积木，把它拖曳到积木块编辑区的积木中，放置到积木 将y坐标增加 -3 的下面，如图 7-22 所示。

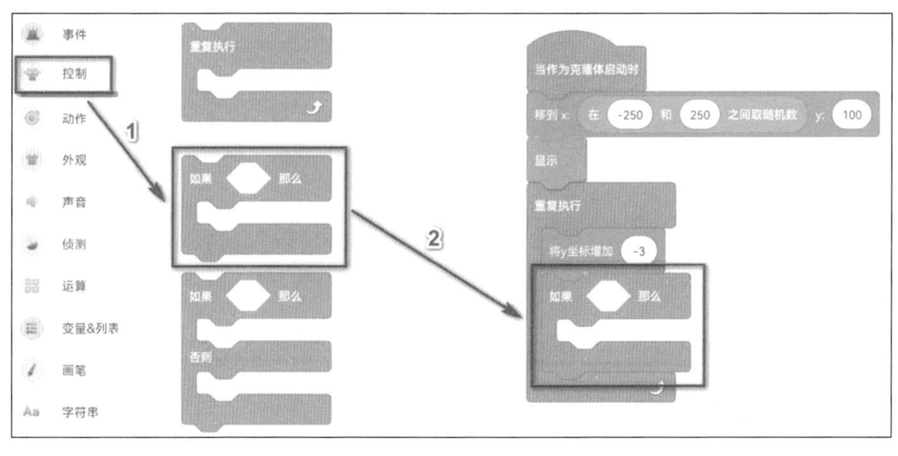

图 7-22　拖曳“条件判断”积木

8）在“侦测”类积木中找到积木，把它拖曳到积木块编辑区的积木中，放置到积木的六边形条件框，将积木中右侧角色设置为“士兵”，如图 7-23 所示。

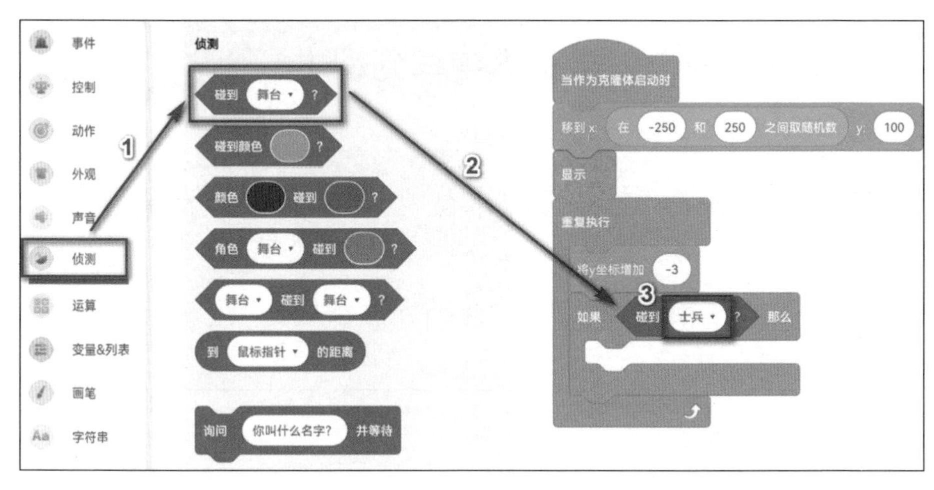

图 7-23　拖曳“碰到舞台？”积木

9）在“控制”类积木中找到积木，把它拖曳到积木块编辑区的积木中，如图 7-24 所示。

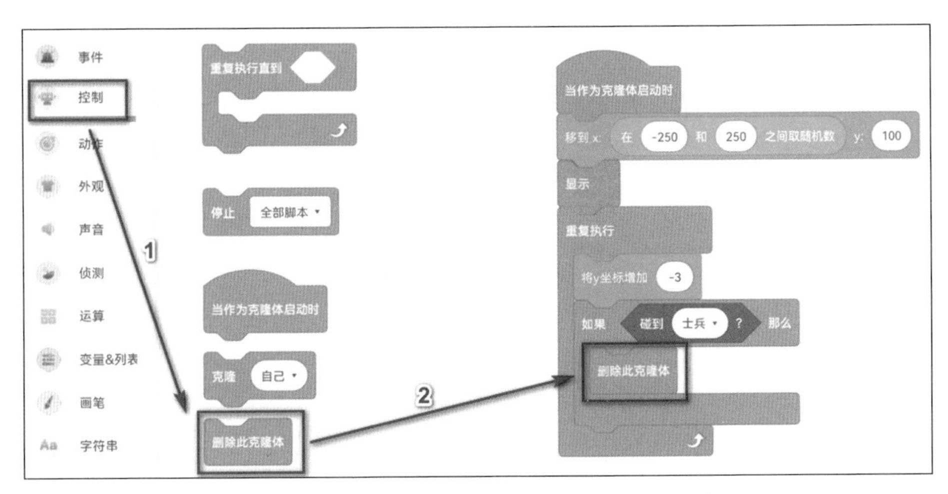

图 7-24　拖曳“删除此克隆体”积木

4. 运行程序

点击舞台编辑区的 ▶运行 按钮，将程序运行起来，可以看到程序中“石头”从天而降，柔然“士兵”被“石头”砸得四处奔逃，这时我们可以通过键盘上的左右方向键控制“士兵”，让他承受更多“石头”打击，帮助木兰快速战胜敌人。

本案例角色“士兵”的最终代码如图 7-25 所示。

本案例角色“石头”最终代码如图 7-26 所示。

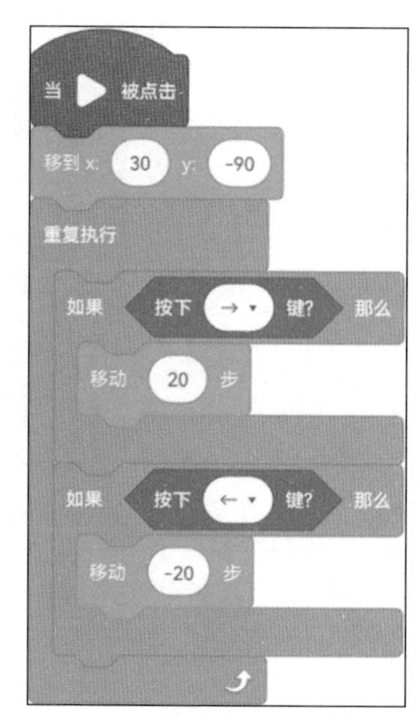

图 7-25 “士兵”最终代码

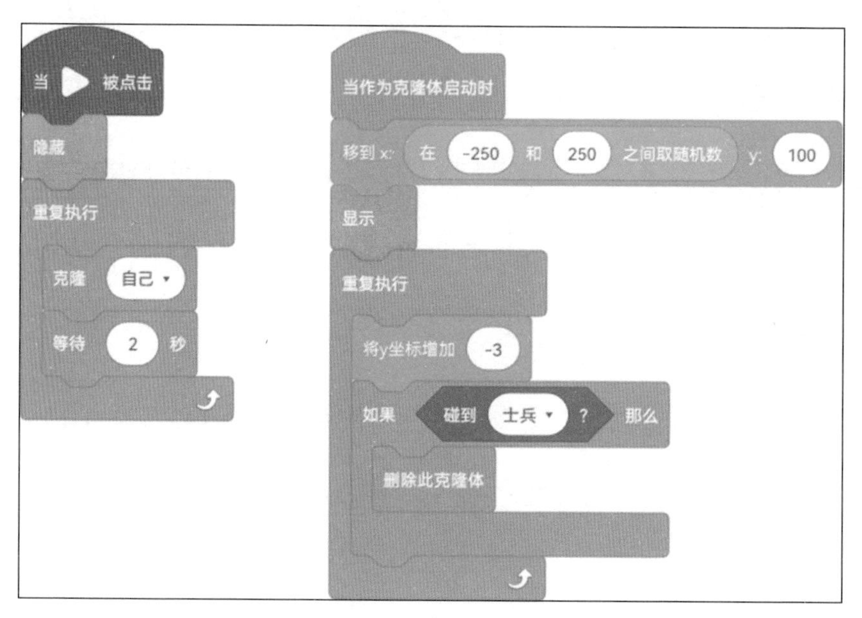

图 7-26 “石头”最终代码

程序代码运行效果如图 7-27 所示。

图 7-27　程序运行最终效果

现在已经完成了所有编程创作，检查一下是否和演示程序一致。

7.4.3　动动手：保存作品

参考第 1 章的两种方法，将这个新作品保存至专属文件夹或个人中心。

7.5 理一理：编程思路

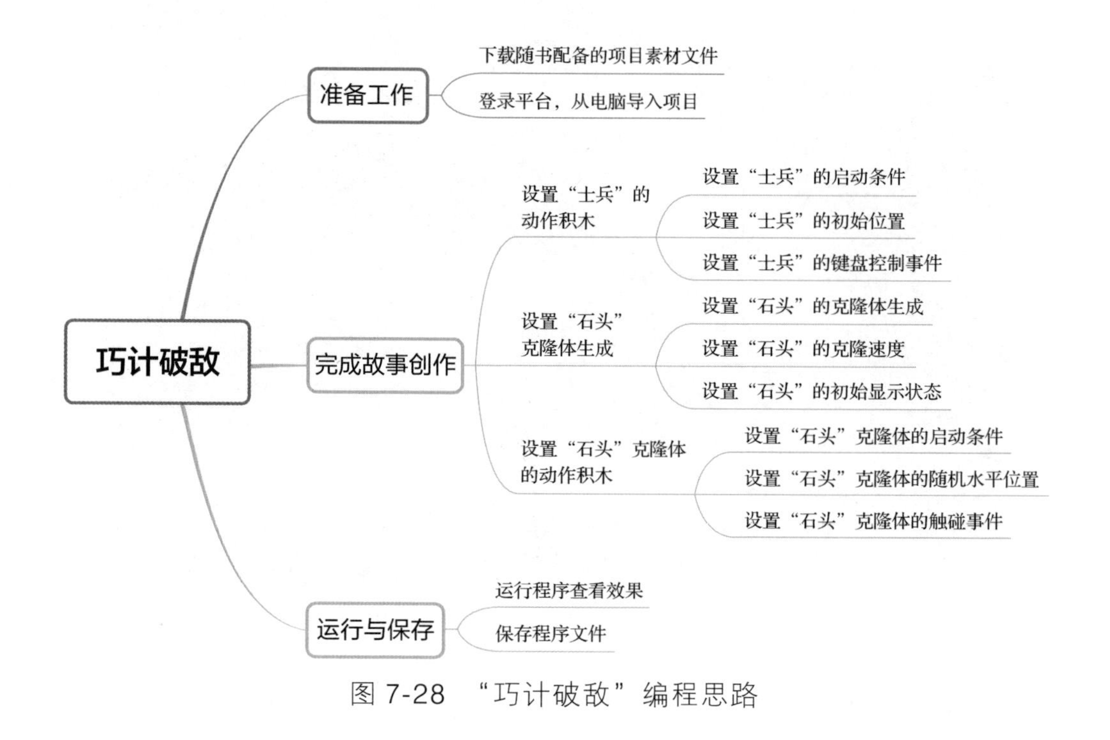

图 7-28 “巧计破敌”编程思路

7.6 学做小小程序员

通过学习本案例，我们获得了以下知识。

1. 克隆

当舞台上的一个角色需要多次出现时，如果按照正常添加角色的方法，需要创建多个角色，并逐个编程。这会导致角色栏过满，我们在修改程序时也会十分麻烦，这时就需要通过克隆来复制角色。克隆就是复制出一个或多个和目标完全相同的角色，可以单独操控克隆体完成任务，程序结束后，所有克隆体自动清除。“巧计破敌”中，我们需要在随机位置产生多个“石头”来攻击“士兵”。在对“石头”进行编程时，先利用积木 克隆 自己 来复制多个克隆体。再利用积木 当作为克隆体启动时 来控制每个克隆体的动作，在其下方拼接每个克隆体需要执行的程序，如初始产生到随机位置和与“士兵”的碰撞事件。

2. 数据运算

数据运算中的四则运算可以帮助我们完成角色坐标的变化。通过加减乘除运算来实现 x 坐标和 y 坐标大小的改变。“巧计破敌”中，我们需要利用键盘的方向键来控制“士兵”的移动，利用积木 如果 ◇ 那么 来判断操作者是否按下对应的方向按键。如果积木 按下 → 键? 监测到了“→”按键，那么使用积木 移动 20 步 向右移动 20 步，实际上是使 x 坐标增加 20，y 坐标不变。

3. 随机数

在编程中，我们有时不需要提前规定好的数字，而是需要一个随机产生的数字，这就是随机数。积木 在 1 和 10 之间取随机数 可以在指定数字范围内随机生成一个整数，为接下来的程序提供运算的数据。在“巧计破敌”中，每个“石头”的克隆体都需要在一个随机位置产生。所以，我们在每个克隆体编程之初，就需要初始化它的产生位置坐标，并且所有“石头”都产生于同一高度，只是左右位置不同。反映到坐标上，就是 x 坐标有变化，y 坐标无变化，那么利用积木 移到 x: -177 y: -83 创建初始位置时，就需要在 x 坐标的位置插入规定好范

围的积木 在 -250 和 250 之间取随机数 ，通过这个积木产生一个 -250 ～ 250 之间的随机数。

7.7 走近信息科学

数字设备的交互过程是一种非常有趣的体验，它能够让我们与世界各地的人们进行沟通和交流、获取各种信息和知识，还能享受各种娱乐。在数字设备的世界中，我们可以使用各种应用程序和工具（如社交媒体、游戏、视频和音乐播放器等），与他人进行互动和交流，获取各种信息和知识。

数字设备的实用性在日常生活中表现得尤为突出。例如，我们可以使用社交媒体与朋友和家人分享想法和感受，发现其他人的生活点滴。同时，我们也可以通过社交媒体来了解全球新闻，还能参与各种在线社区的活动。这种交互能够让我们更好地探索世界，拓宽我们的视野和知识面。通过数字地图应用，我们可以轻松查找想去的目的地，并规划最佳路线，大大节省了我们的时间和精力。移动支付更是改变了我们的消费方式，只需轻触手机屏幕，便能完成一系列复杂的交易过程，不仅速度快，还大幅提升了交易的安全性。

在学习领域，数字设备还同样发挥着巨大的作用。当需要查找某些信息时，我们可以使用搜索引擎快速找到需要的内容。各种应用程序和工具可以提高我们的学习效率。这些数字工具能让我们更加轻松地完成各种任务，并且节省许多时间和精力。在线教育平台和虚拟课堂更是打破地域的界限，使每个人都可以接触到优质的教育资源。学生和教师通过视频会议交流，共享屏幕和文档，仿佛置身于同一教室，互动性强。

社会公共服务也开始借助数字交互提高效率。公民可以在线办理各种手续，简化了流程，减少了等候时间。此外，智能交通系统通过实时数据分析交通流量，优化信号灯控制和交通导向，有效缓解城市交通拥堵。

总的来说，数字设备的交互过程极大地丰富了我们的生活，提高了我们获取和处理信息的效率，加强了人与人之间沟通和交流。对于青少年来说，掌握数字设备的基本使用方法，将有助于他们更好地掌握编程知识和技能。因此，我们应该积极地探索和学习数字设备的使用方法和技巧，在未来的学习和生活中，能更加自信和独立地应对各种挑战和机遇。

第8章

飞鸽捷报

归来见天子，天子坐明堂。策勋十二转，赏赐百千强。可汗问所欲，木兰不用尚书郎，愿驰千里足，送儿还故乡。

——《木兰辞》

8.1 讲故事

木兰的妙计重创了柔然军队的主力，柔然军队见势不妙，想要撤出山谷。木兰早就算到柔然军队会撤退，于是提前安排萧炎带领重兵将敌人堵在山谷里，然后木兰统帅一队骑兵从山谷另一侧冲杀，一举消灭了柔然军队主力，扭转了战局。

木兰将胜利的捷报绑在信鸽腿上，在全军将士的见证下放飞信鸽。信鸽欢快地飞着，穿过深林，越过高山，将捷报送到天子手中。天子看到捷报十分高兴，命令木兰率全军返回京城接受赏赐。

返回的路上，木兰骑着花花，回望远处的山谷，眼中尽是依依不舍，不过一想到多年的努力终于有了回报，又觉得特别开心。

木兰率领着军队，大家都归心似箭，所以走得又快又起劲。路上萧炎问木兰回去之后的打算，她思考了一会儿，没有回答，但是心中已经有了答案。

回到京城，木兰立刻晋见天子，大殿两侧站满了官员，天子坐在宝座上。天子见到功臣木兰十分开心，对她十分器重，要赏赐她黄金百两，封她为兵部尚书。

但是木兰心意已决，便对天子说："臣太年轻，才干和资历尚浅，实在不敢承受如此大的赏赐。这次胜利，是全体将士的功劳，尤其是萧炎和独孤征，希望天子重重赏赐他们才好。"

木兰最后只求天子让自己早点回家，孝顺年迈的父母，亲自培养弟弟，将来国家需要，木兰一家一定会再次报效国家。

天子见木兰如此诚恳，便答应了她的请求。木兰心里特别高兴，叩头谢恩。

在返乡的路上，人们夹道欢迎木兰，萧炎和独孤征作为木兰的好朋友，这次陪她一起回家。

“谦受益，满招损”，谦虚是一种可贵的美德，不爱慕名利，是一种非凡的魅力，更是一种轩昂的风度。

8.2 看程序

扫描二维码，按以下方法操作，可以看到本案例的呈现效果。

1）接下来让我们开始运行程序吧！点击 ▶运行 按钮，启动程序。

2）点击“树”角色，呈现“树”造型，如图8-1所示。

图 8-1 “树”造型

3）点击“信鸽”角色，呈现“信鸽”造型，如图 8-2 所示。

图 8-2 “信鸽”造型

8.3 学设计

这个程序展示了“信鸽飞跃森林”场景，设计思路和实现方法如下。

1）布置舞台场景。

2）创建“树”和“信鸽”两个角色。

3）程序开始运行，“信鸽”在舞台最左边出现，“树”在舞台最右边出现。

4）“信鸽”受到重力下坠，“树”不断向左移动。

5）通过按下空格键来控制“信鸽”向上飞翔。

6）如果“信鸽”碰撞到“树”，那么停止运行，任务失败。

7）如果“信鸽”躲过当前“树”，那么舞台最右方会出现下一棵“树”继续阻挡“信鸽”飞行，我们要不断控制“信鸽”飞跃障碍。

8.4 编写程序

若想实现“信鸽飞跃森林”程序模块的功能，具体方法如下。

8.4.1 动动手：布置舞台

首先需要准备好本案例所需资源“8. 飞鸽捷报”文

件夹，再利用这些资源布置舞台。

按如下流程操作：

1）在图形化编程环境下，点击“文件”菜单，选择“从电脑导入”命令，如图 8-3 所示。

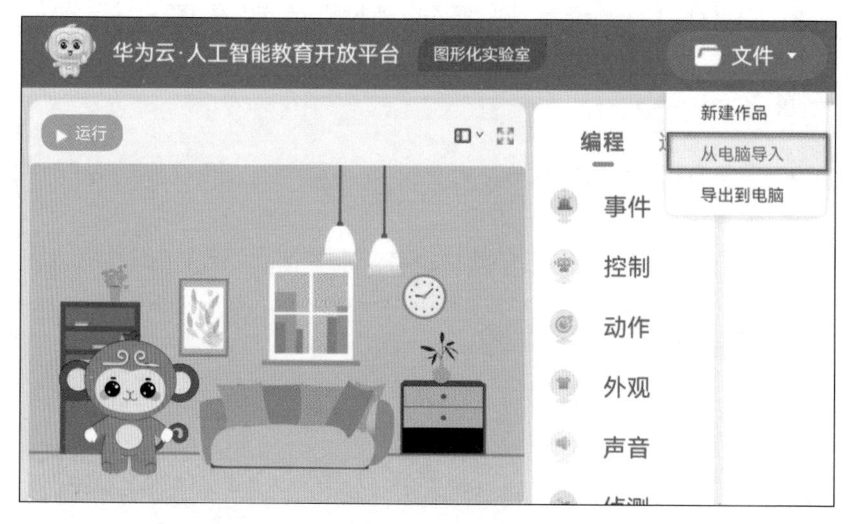

图 8-3　选择“从电脑导入”命令

2）在弹出的“打开文件”对话框中，找到编程资源“8. 飞鸽捷报”文件夹的位置，选择“8. 飞鸽捷报－基础案例 .ppg”文件，点击“打开”按钮，完成“8. 飞鸽捷报－基础案例 .ppg”文件的导入操作，如图 8-4 所示。

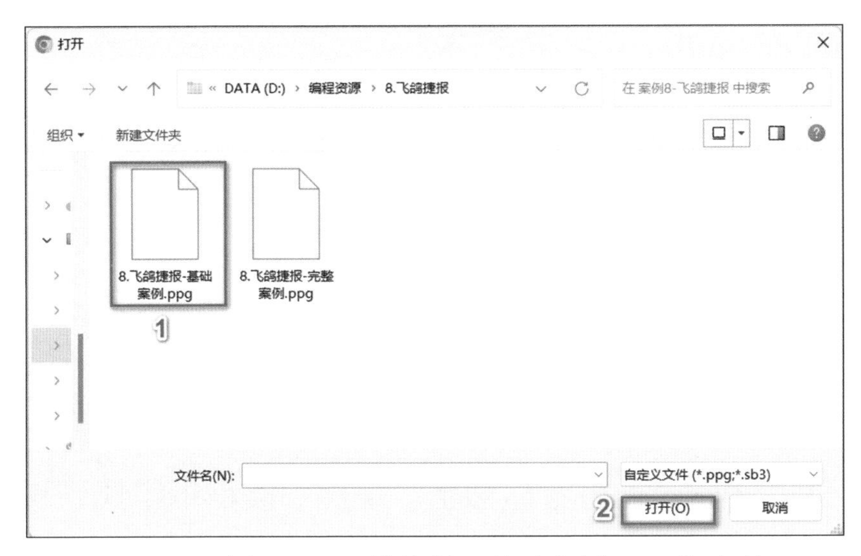

图 8-4　选择“8. 飞鸽捷报 – 基础案例 .ppg”文件

上述操作完成后，布置的舞台效果，如图 8-5 所示。

图 8-5　舞台效果图

8.4.2 动动手：搭积木

按如下流程操作完成“飞鸽捷报”的积木搭建。

1. 编写“信鸽”受重力向下的效果积木

用积木模拟“信鸽”受重力一直向下坠的效果。

1）设置“信鸽”的启动条件。点击“已选素材区”的“信鸽”，将鼠标移至“事件”类积木中找到积木 当 ▶ 被点击，把它拖曳到积木块编辑区。

2）设置“信鸽”的初始位置。在“动作”类积木中找到积木 移到 x: -247 y: 32，把它拖曳到积木块编辑区中积木 当 ▶ 被点击 的下方，如图 8-6 所示。

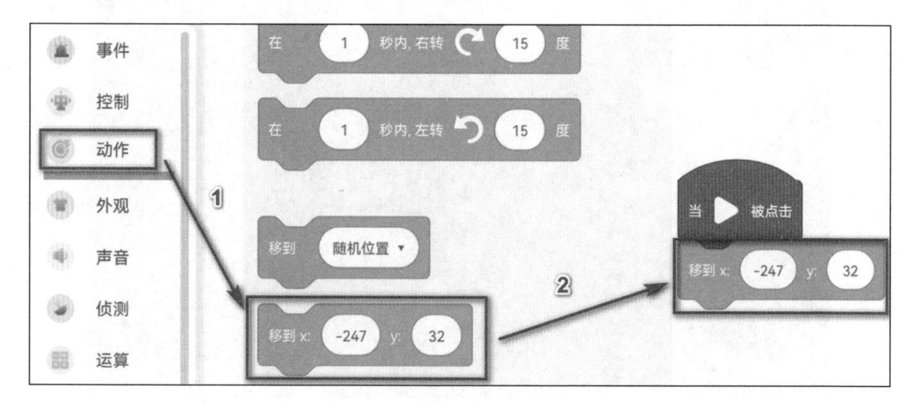

图 8-6 拖曳“移动到指定位置”积木

将积木 中的 x 值设置为 -240，y 值设置为 90，设置完成效果图如图 8-7 所示。

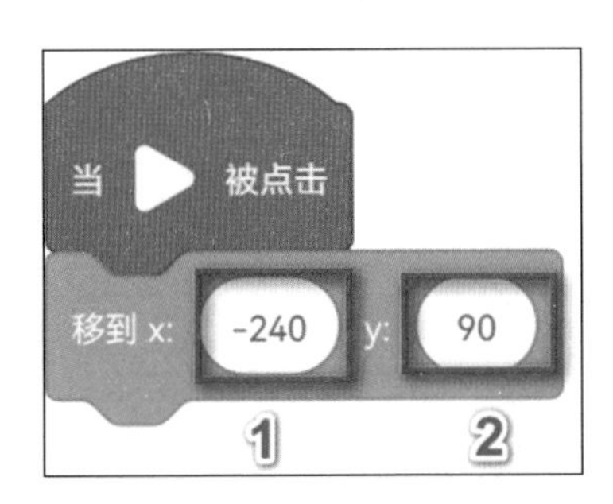

图 8-7　填写初始位置的坐标

3）设置“信鸽”的向下重力。在“控制”类积木中找到积木 ，把它放在积木 下面，如图 8-8 所示。

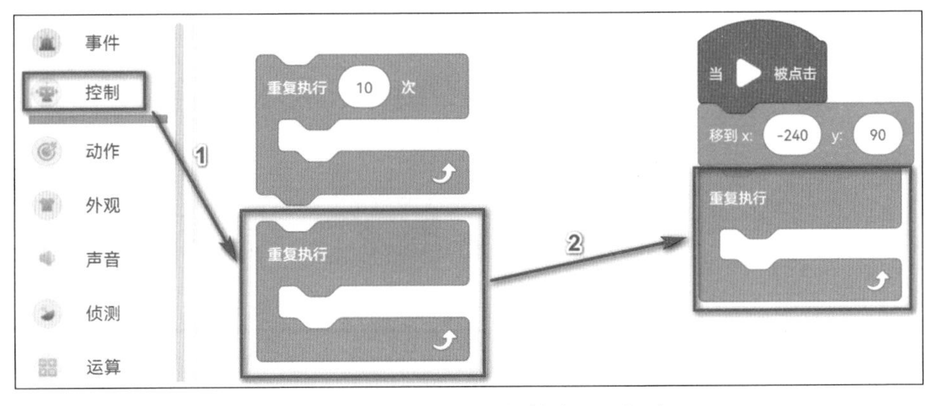

图 8-8　拖曳“重复执行”积木

在“动作”类积木中找到积木[将y坐标增加 10]，拖曳到积木块编辑区的积木[重复执行]中，将积木[将y坐标增加 10]中的 y 坐标设置为 -3，如图 8-9 所示。

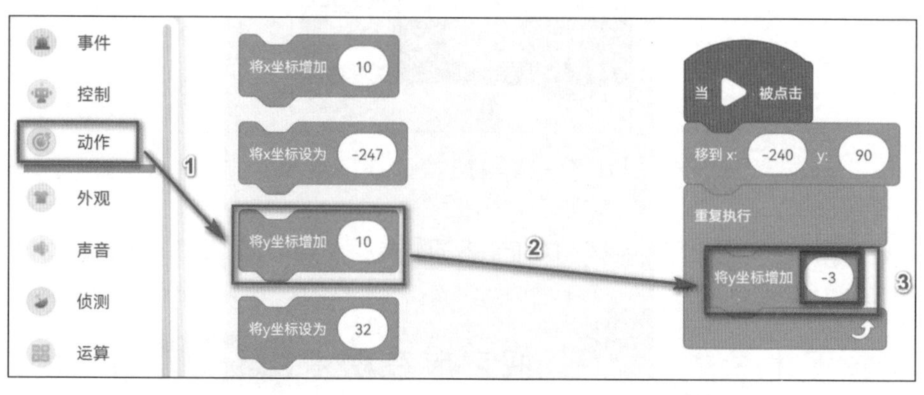

图 8-9　拖曳“将 y 坐标增加 10”积木

4）设置“信鸽”的触碰事件。在“控制”类积木中找到积木[如果 那么]，把它拖曳到积木块编辑区的积木[重复执行]中，放在积木[将y坐标增加 -3]下面，如图 8-10 所示。

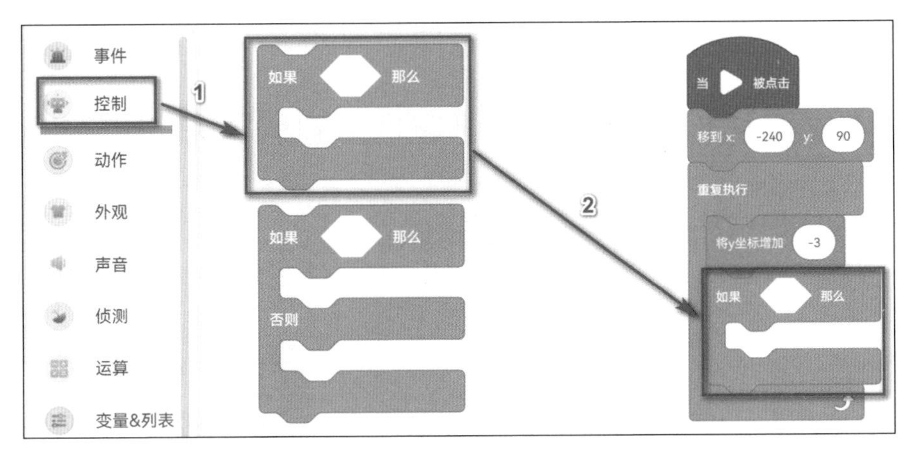

图 8-10　拖曳“条件判断”积木

在“侦测”类积木中找到积木 舞台 碰到 舞台 ? ，把它拖曳到积木块编辑区中积木  的六边形条件框里，将积木 舞台 碰到 舞台 ? 设置成“信鸽”碰到“树”，如图 8-11 所示。

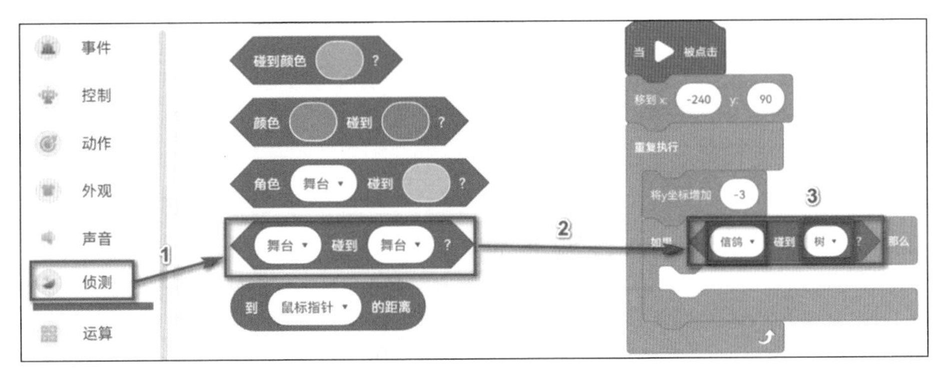

图 8-11　拖曳“舞台碰到舞台?”积木

5）设置碰触到“树”后停止脚本。在“控制”类积木中找到积木 停止 全部脚本 ，把它拖曳到积木块编辑区的积木 如果 那么 中，如图 8-12 所示。

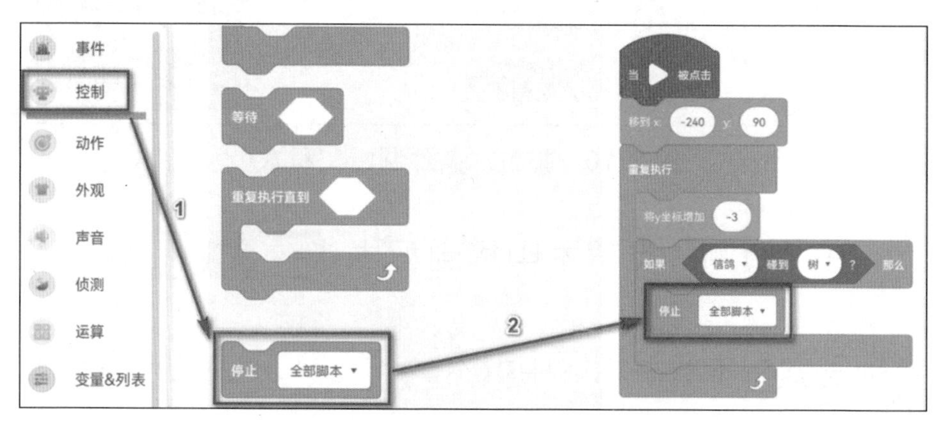

图 8-12　拖曳“停止全部脚本”积木

2. 编写键盘控制“信鸽”移动的动作积木

1）点击“已选素材区”的“信鸽”，将鼠标移至“事件”类积木中找到积木 当 被点击 ，把它拖曳到积木块编辑区；在“控制”类积木块中找到积木 重复执行 把它拖曳到积木块编辑区中积木 当 被点击 的下方，继续在“控

制”类积木块中找到积木，把它拖曳到积木中，如图 8-13 所示。

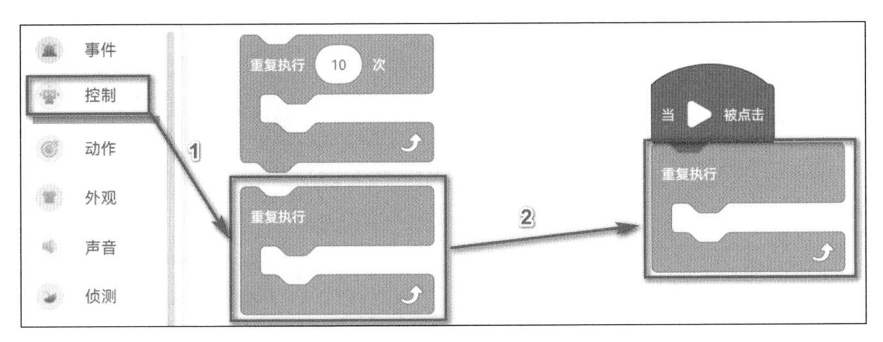

a）拖曳“重复执行”积木

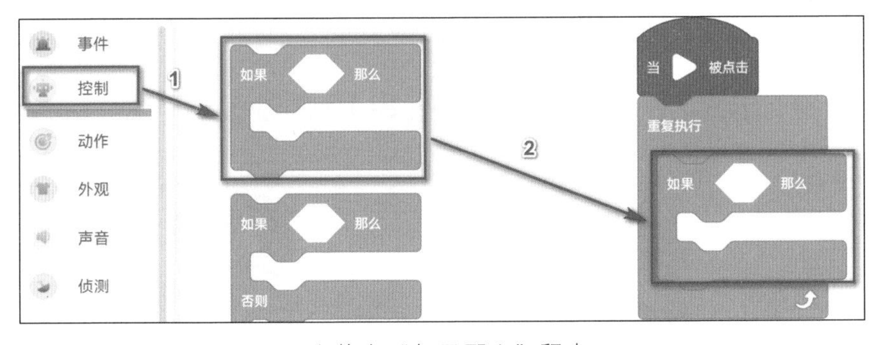

b）拖曳“如果那么”积木

图 8-13　设置移动的动作积木

2）在“侦测”类积木中找到积木 按下 空格 键? ，把它拖曳到积木块编辑区中积木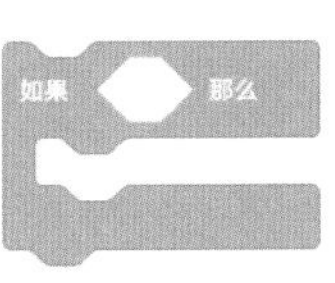的六边形条件框，

如图 8-14 所示。

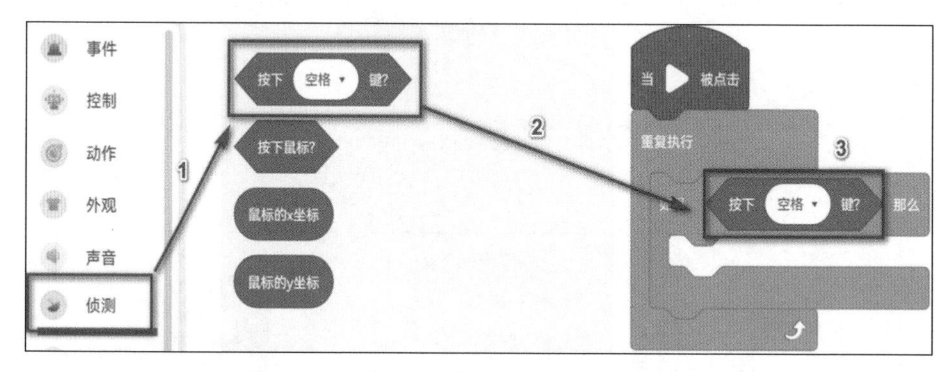

图 8-14　拖曳“按下空格键?”积木

3）在“动作”类积木中找到积木将y坐标增加 10，把它拖曳到积木块编辑区的积木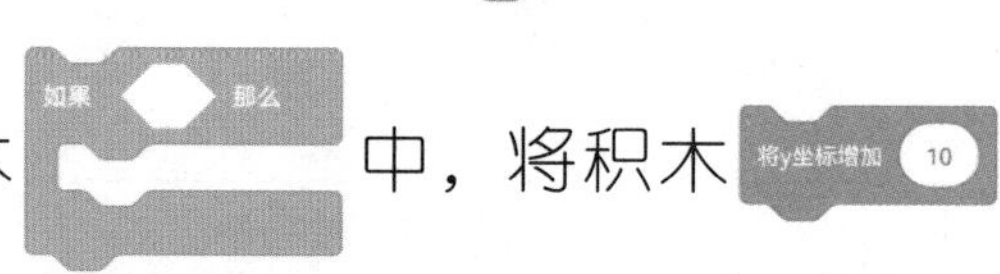中，将积木为 y 坐标设置为增加 10，如图 8-15 所示。

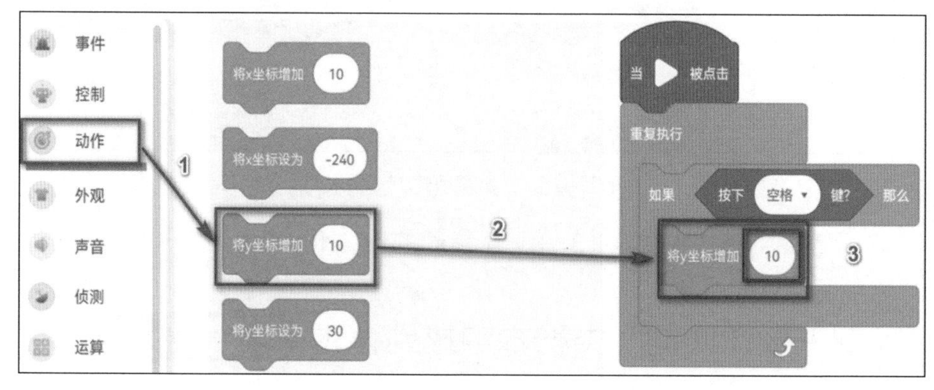

图 8-15　拖曳“将 y 坐标增加 10”积木

3. 编写“树”重复出现的效果积木

1）设置“树”的启动条件。点击“已选素材区”的“树”，将鼠标移至“事件”类积木中找到积木 当 被点击 ，把它拖曳到积木块编辑区。

2）设置“树”的初始位置。在“动作”类积木中找到积木 移到 x: -177 y: -83 ，把它拖曳到积木块 当 被点击 下面，将积木 移到 x: -177 y: -83 的 x 值设置为 260，y 值设置为 –80，如图 8-16 所示。

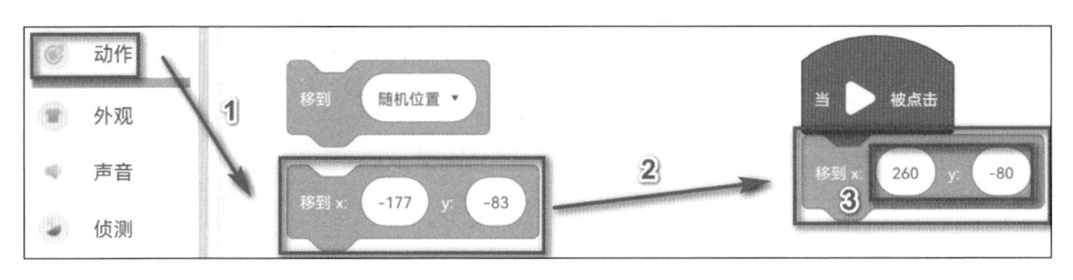

图 8-16　拖曳“移动到指定位置”积木

3）设置“树”向左移动的效果。在“控制”类积木中找到积木 重复执行 ，把它拖曳到积木 移到 x: 260 y: -80 下面，如图 8-17 所示。

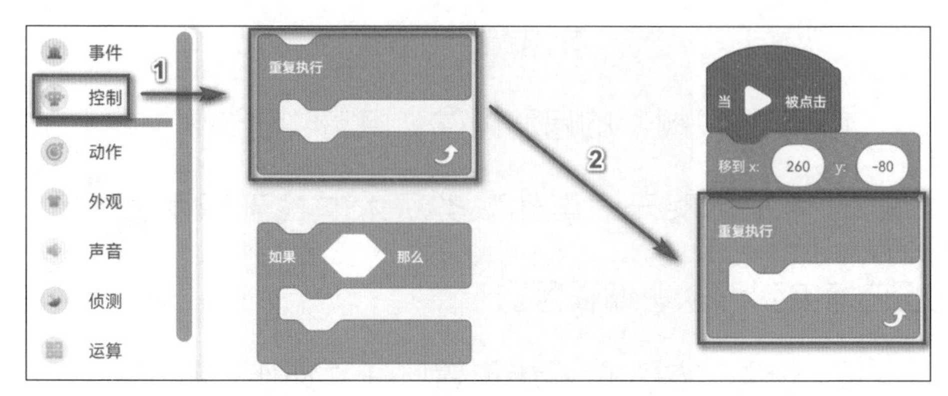

图 8-17　拖曳“重复执行”积木

4）在“动作”类积木中找到积木 将x坐标增加 10，把它拖曳到积木块编辑区的积木 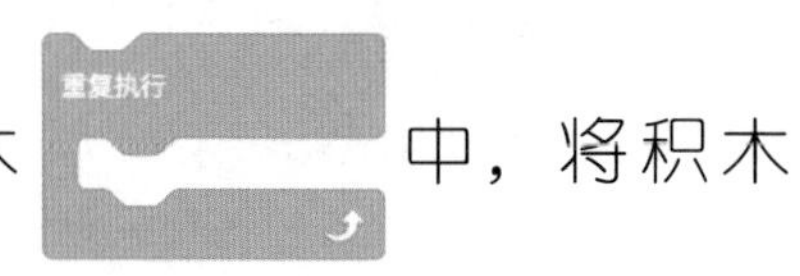

中，将积木 将x坐标增加 10 中的 x 坐标设置为 –5，如图 8-18 所示。

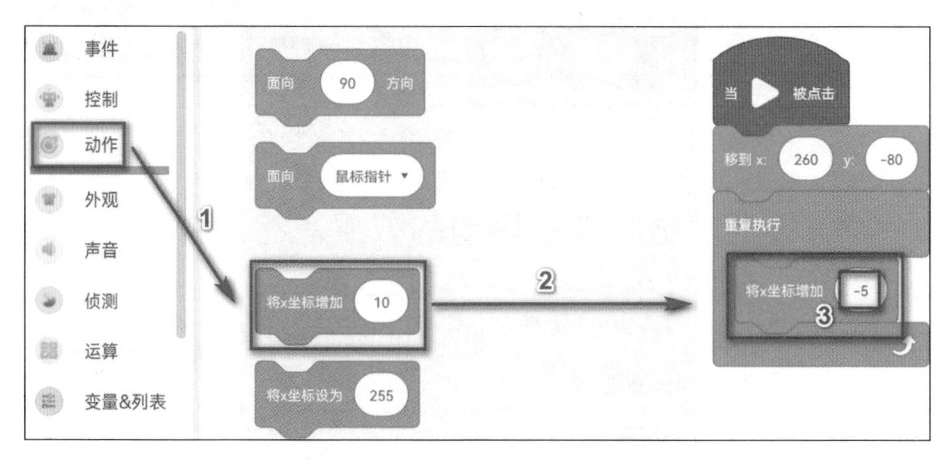

图 8-18　拖曳“将 x 坐标增加 10”积木

4. 编写“树”移动到随机位置的动作积木

1）设置“树”移动出舞台后的事件。在“控制”类积木中找到积木 如果 那么 ，把它拖曳到积木块编辑区的积木

重复执行 中，放置在积木 将x坐标增加 -5 下，如图 8-19 所示。

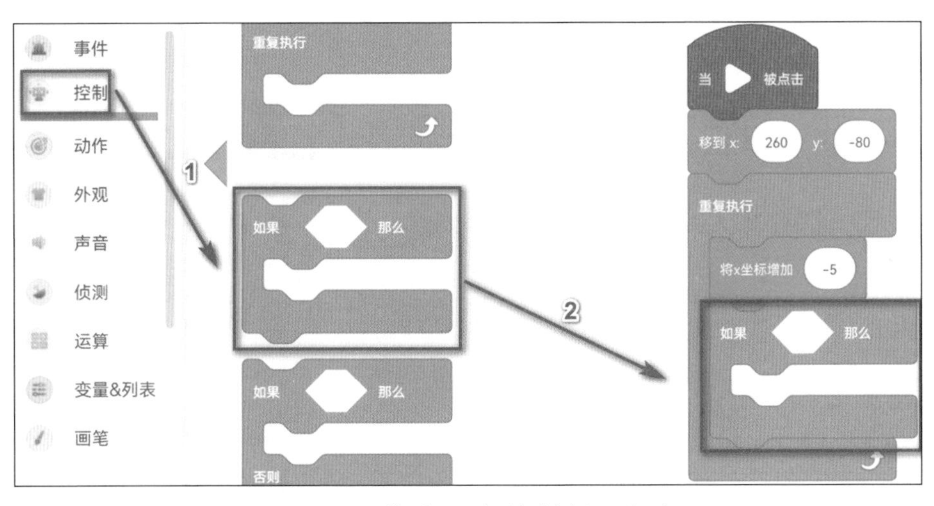

图 8-19　拖曳“条件判断”积木

在“运算”类积木中找到积木 ( ) < 50 ，把它拖曳到积木块编辑区中积木 如果 那么 的六边形条件框里，如图 8-20 所示。

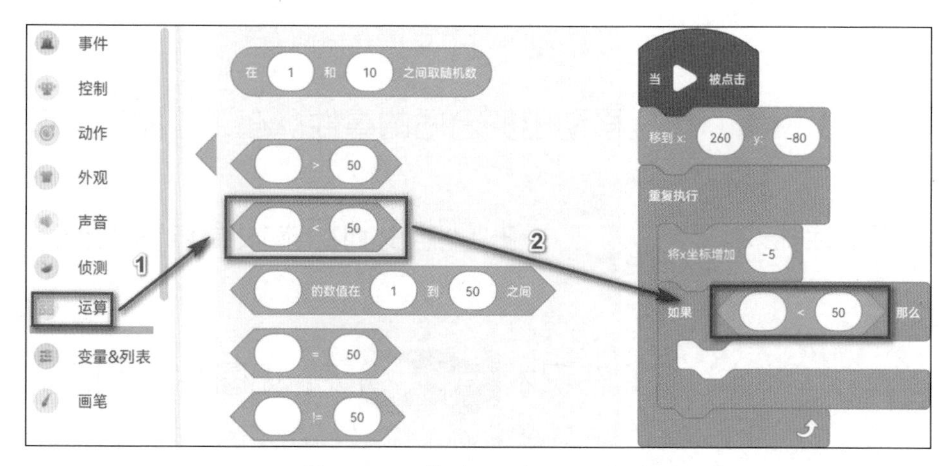

图 8-20　拖曳“小于”积木

在“侦测”类积木中找到积木 树 的 X坐标，把它拖曳到积木块编辑区中积木 < 50 的左侧条件框里，将积木 < 50 右侧的条件框设置为 -300，如图 8-21 所示。

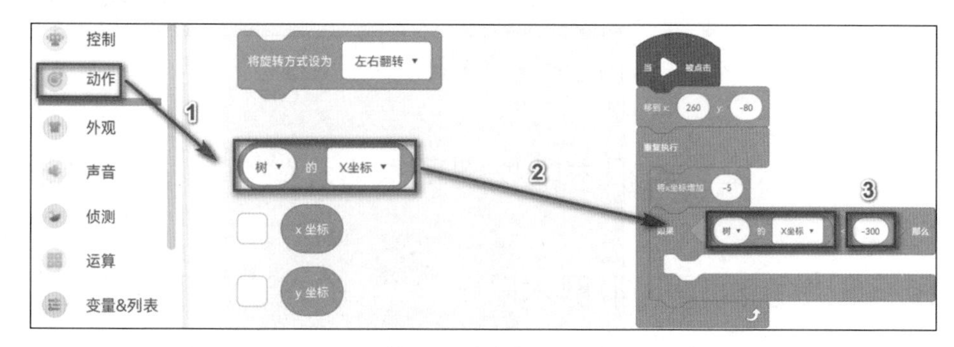

图 8-21　拖曳“树的 x 坐标”积木

2）设置“树”的随机位置。在“动作”类积木中找到积木 移到 x: -177 y: -83 ，把它拖曳到积木块编辑区的积木 如果 那么 中，如图 8-22 所示。

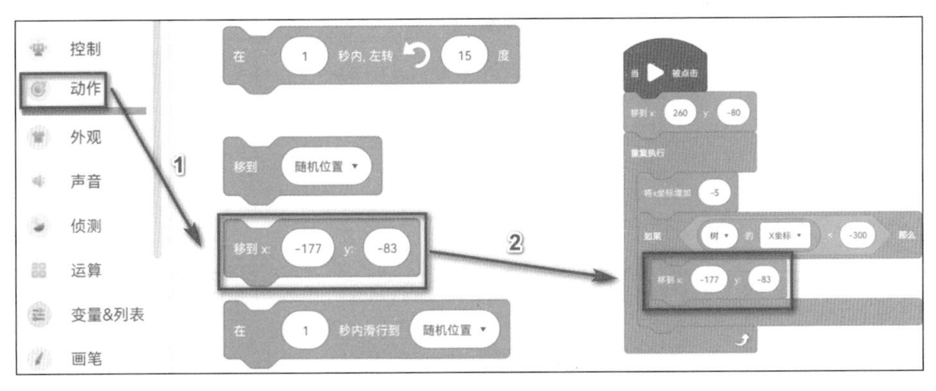

图 8-22　拖曳“移到指定位置”积木

3）在“运算”类积木中找到积木 在 1 和 10 之间取随机数 ，把它拖曳到积木块编辑区中积木 移到 x: -177 y: -83 的 y 值中，将积木 移到 x: -177 y: -83 中的 x 坐标设置为 450，将积木 在 1 和 10 之间取随机数 的随机范围设置为 -150 ～ -50 之间，如图 8-23 所示。

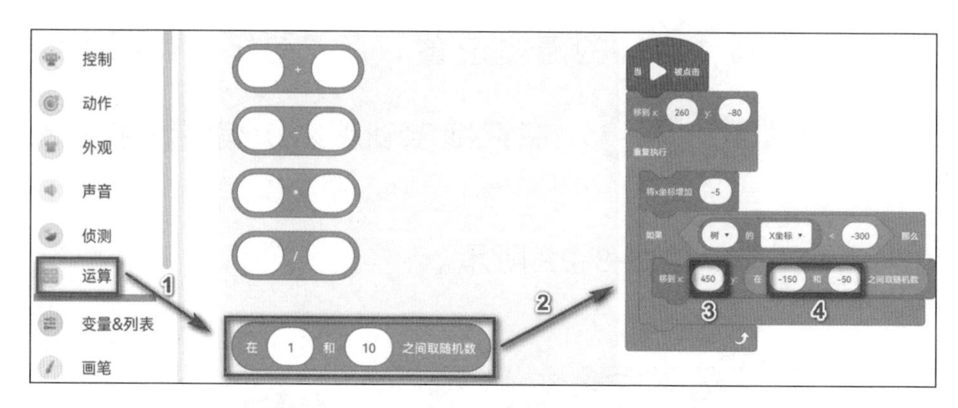

图 8-23　拖曳“生成随机数”积木

5. 运行程序

点击舞台编辑区的 ▶运行 按钮，运行程序，可以看到程序中的“信鸽”受到重力向下坠，我们通过不断按下空格键来控制“信鸽”飞翔，躲避森林中的“树”。如果“信鸽”不小心碰到了“树”，那么程序就会停下来啦。

本案例“信鸽”的最终代码如图 8-24 所示。

本案例“树”最终代码如图 8-25 所示。

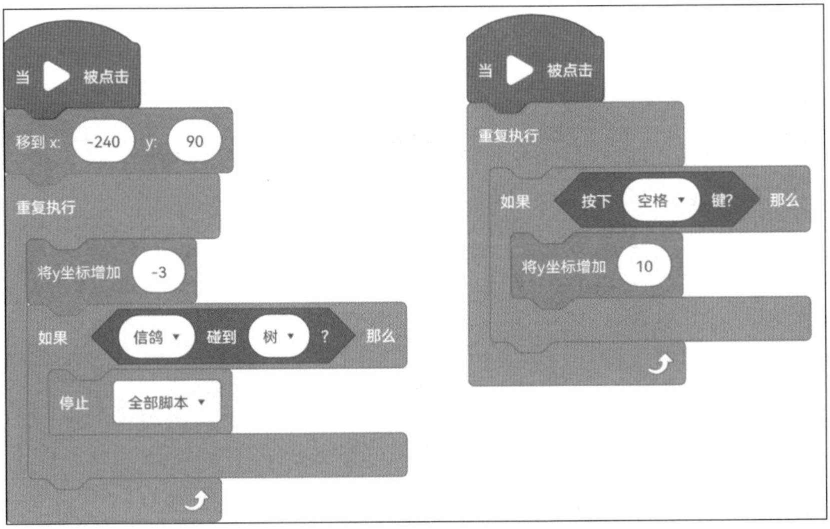

当 被点击
移到 x: -240 y: 90
重复执行
将y坐标增加 -3
如果 信鸽 碰到 树 ? 那么
停止 全部脚本
当 被点击
重复执行
如果 按下 空格 键? 那么
将y坐标增加 10

图 8-24 “信鸽”最终代码

当 被点击
移到 x: 260 y: -80
重复执行
将x坐标增加 -5
如果 树 的 X坐标 < -300 那么
移到 x: 450 y: 在 -150 和 -50 之间取随机数

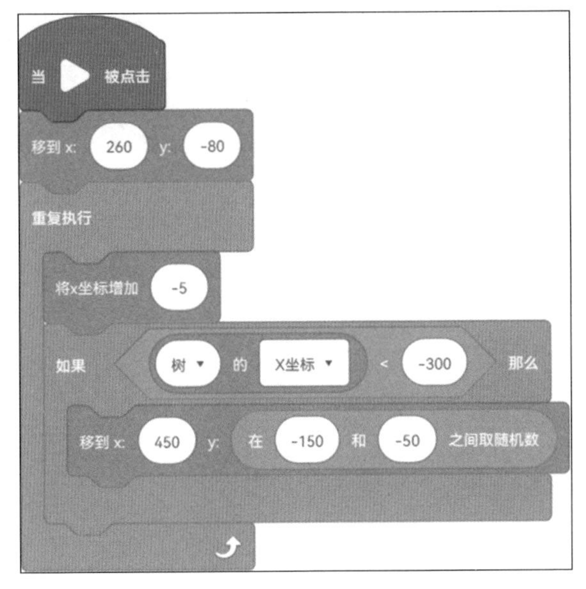

图 8-25 “树”最终代码

程序代码运行效果如图 8-26 所示。

图 8-26　程序代码运行效果

现在已经完成了所有编程创作，检查一下你的程序是否和演示程序一致。

8.4.3　动动手：保存作品

参考第 1 章的两种方法，将这个新作品保存至专属文件夹或个人中心。

8.5 理一理：编程思路

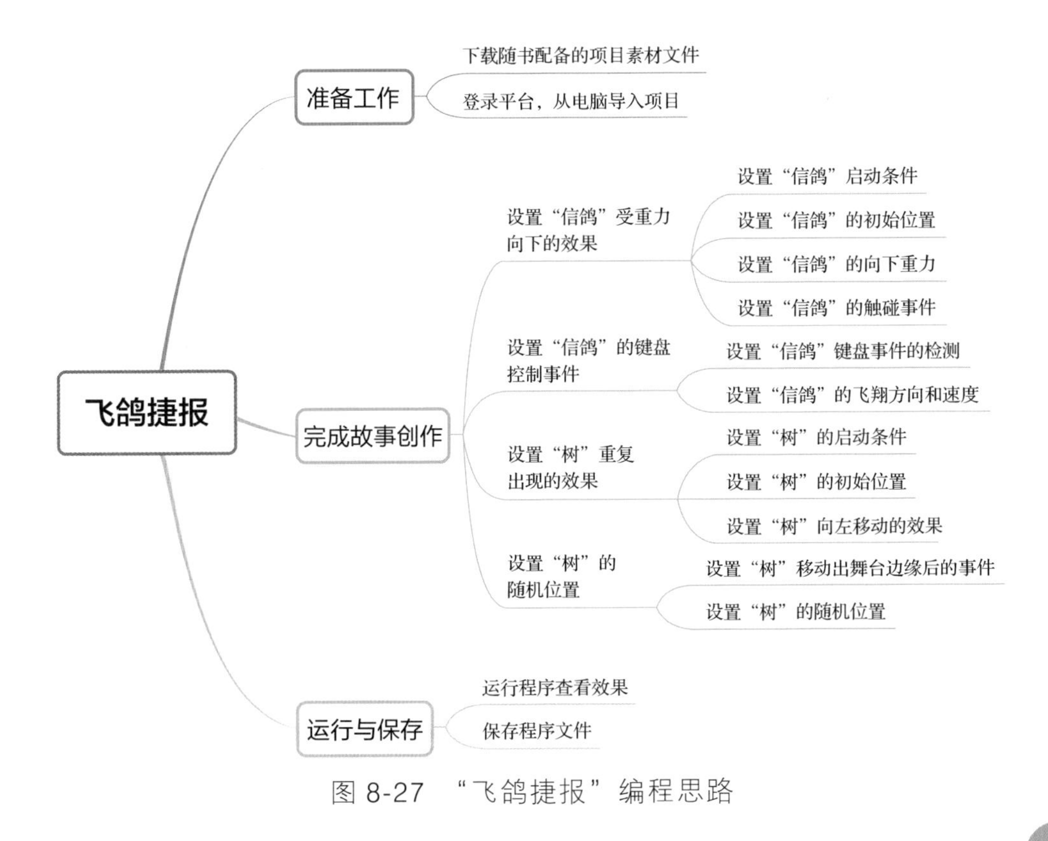

图 8-27 “飞鸽捷报”编程思路

8.6 学做小小程序员

通过本案例学习，我们获得了以下知识。

1. 关系运算

关系运算可用来比较两个变量或者表达式的大小关系，常见的关系运算操作符有大于（>）、小于（<）和等于（=）。关系运算的结果是布尔值，包含两种结果“真”和“假”，如果关系表达式成立，那么结果就是“真”；关系表达式不成立，结果就是“假”。“飞鸽捷报”中“信鸽”如果成功躲避当前“树”，那么“树”应当移出舞台。这里判断“树”需要移出舞台的条件就是比较“树”的坐标和舞台最左边的坐标的大小，如果“树”的x坐标小丁舞台最左边的x坐标（–300）那么，就将“树”移出舞台。这里使用积木 树 的 X坐标 < -300 来完成上面的判断。

2. 数据运算

数据运算中四则运算可以帮助我们完成角色坐标的变化。通过加减乘除运算来改变x坐标和y坐标的大小。在“飞鸽捷报”中，当我们没有使用空格键时，

“信鸽”需要有向下的重力，实现自由落体的效果。此时，“信鸽”的 y 坐标需要持续减小，所以我们利用积木

实现持续改变的效果，再将积木 将y坐标增加 -3 放到积木 重复执行 中，利用积木 将y坐标增加 -3 实现“信鸽”的 y 坐标变小（减小 3）的效果。

3. 复杂的逻辑判断

在计算机软件的设计中，我们通常需要综合运用算术运算、关系运算、逻辑运算来实现复杂的功能设计。也就是说，完成一个功能需要多种运算方式互相结合。在“飞鸽捷报”中，为了实现“信鸽”的向下重力和躲避移动的“树”，需要结合使用算术运算和关系运算。用算术运算来实现两个角色坐标的变化，用关系运算判断二者碰撞的条件是否成立。

8.7 走近信息科学

在科技日新月异的时代，保护个人信息显得尤为重要。让我们想象一个场景：小明和小华是一对形影不离的好朋友，他们经常在课间休息时互相分享喜欢的游戏、音乐和电影。有一天，小明给小华发了一条短信，告诉他一个有趣的秘密。然而，小明没有意识到，这条短信可能会被别人看到。

使用数字设备进行沟通也会产生信息，这些信息，无论是文字、图片、音频还是视频，都在手机、电脑等终端设备间传递。当我们使用这些设备时，必须采取有效措施来确保个人信息的安全。首先，我们要认识到网络世界并不是一个绝对安全的地方。在与朋友分享信息时要格外小心，避免泄露敏感内容。其次，设置复杂且难以猜测的密码，并定期更换。避免将重要账户的密码设置成容易被猜到或者与其他账户相同的密码。这样，即使有人试图入侵你的设备，也很难获取你的个人信息。

此外，在访问不熟悉的网站时要谨慎，避免点击来路不明的链接或下载陌生软件。对于那些索要个人信息的邮件和消息也要提高警惕。当我们在网络中与朋友交流时，也要注意保护彼此的隐私。在分享朋友的照片、视频或其他个人信息时，务必征得对方的同意。在参加网络活动或报名填表时，也尽量避免透露过多个人信息。最后，学会使用安全软件和工具可以帮助我们更有效地保护个人信息。例如，可以定期更新操作系统、浏览器和防病毒软件等，确保能正常运行，并确保家庭网络设置足够安全。

通过以上方法，同学们能更好地理解保护个人信息安全的重要性，并在现实生活和数字世界中都能够自觉维护自己和他人的隐私。这样，在享受科技带来便利的同时，我们也能保护个人信息安全，让生活变得更加美好。

第 9 章

抚琴助兴

爷娘闻女来，出郭相扶将；阿姊（zǐ）闻妹来，当户理红妆；小弟闻姊来，磨刀霍（huò）霍向猪羊。开我东阁门，坐我西阁床，脱我战时袍，著（zhuó）我旧时裳。当窗理云鬓（bìn），对镜帖花黄。

——《木兰辞》

9.1 讲故事

回家的路上，木兰对花花说："我们回家了，花花。"马儿好像也有感应似的，前进的步伐欢快了许多。不久，他们就到家了。

木兰的爸爸妈妈听说有一位木将军衣锦还乡，今天就能到了，便知道是自己的女儿木兰回来了。全家连早饭都没吃，就开始忙着霍霍地磨刀杀猪宰羊，给木兰做起了庆功宴。

不光是木家，城里的人们听说这是保家卫国的木将军荣归故里，都出城门去迎接。

木将军到了城门前，看见人群中互相搀扶的爸爸妈妈和弟弟，曾经温馨的回忆一下涌上心头，她飞速下马，跟全家人抱在一起。弟弟荣儿已经长大成人，看见姐姐就哭着说：“姐姐你终于回来了，我们好想你，快给我讲讲这些年的故事，今天我要跟姐姐促膝长谈。”

木兰拉着全家人回了家。她推开家门，映入眼帘的是破旧但熟悉的茅草屋，宽敞明亮的院子，还有一间间亲切无比的屋子。过往父母的细心教导、姐弟俩嬉笑打闹的场景瞬间浮现在眼前。

庆功宴上，荣儿招待萧炎等人，萧炎讲述战斗中的故事，木兰的爸爸妈妈回顾她的童年趣事，众人欢声笑语，无比开心。

“今天是大家凯旋的日子，荣儿为各位抚琴助兴。”荣儿在悠扬的琴声下，赋诗一首“万里赴戎机，关山度若飞。朔气传金柝，寒光照铁衣。”

经历了风雨，才会发现最爱你的人是至亲朋友，家才是为你遮风避雨的港湾。

9.2 看程序

扫描二维码，按以下方法操作，可以看到本案例的呈现效果。

1）接下来让我们开始运行程序吧！点击 ▶运行 按钮，启动程序。

2）点击“荣儿”角色，呈现“荣儿”造型，如图 9-1 所示。

图 9-1 “荣儿”造型

3）点击四句“诗词”，呈现“诗词”造型，如图 9-2 所示。

图 9-2 “诗词”造型

9.3 学设计

这个程序展示了“弟弟荣儿在庆功宴上为大家抚琴助兴”场景，设计思路和实现方法如下。

1）布置舞台场景。

2）创建“荣儿”和四句“诗词”的角色。

3）播放背景音乐“春江花月夜”。

4）“荣儿”开始抚琴。

5）播放诗句朗诵音频。

6）跟随音频中朗诵的诗词，舞台上显示对应的“诗词”。

9.4 编写程序

实现“弟弟荣儿在庆功宴上为大家抚琴助兴”程序模块的功能，具体方法如下。

9.4.1 动动手：布置舞台

首先需要准备好本案例所需资源“9. 抚琴助兴”文件夹，再利用这些资源布置舞台。

按如下流程操作：

1）在图形化编程环境下，点击“文件”菜单，选择“从电脑导入”命令，如图 9-3 所示。

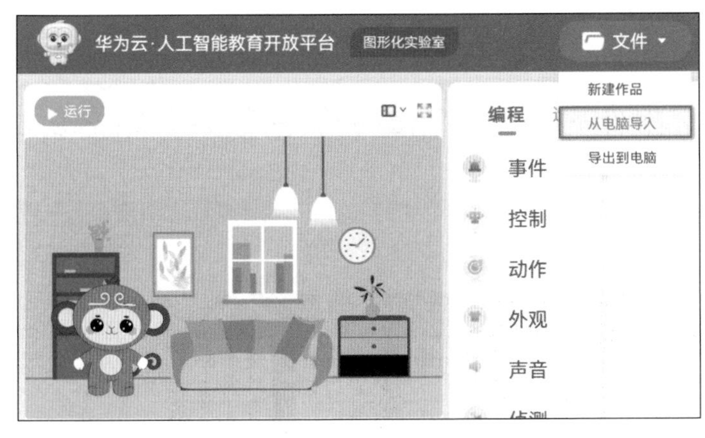

图 9-3 选择“从电脑导入”命令

2）在弹出的“打开文件”对话框中，找到编程资源“9. 抚琴助兴”文件夹的位置，选择“9. 抚琴助兴 - 基础案例 .ppg”文件，点击“打开”按钮，完成“9. 抚琴助兴 - 基础案例 .ppg”文件的导入操作，如图 9-4 所示。

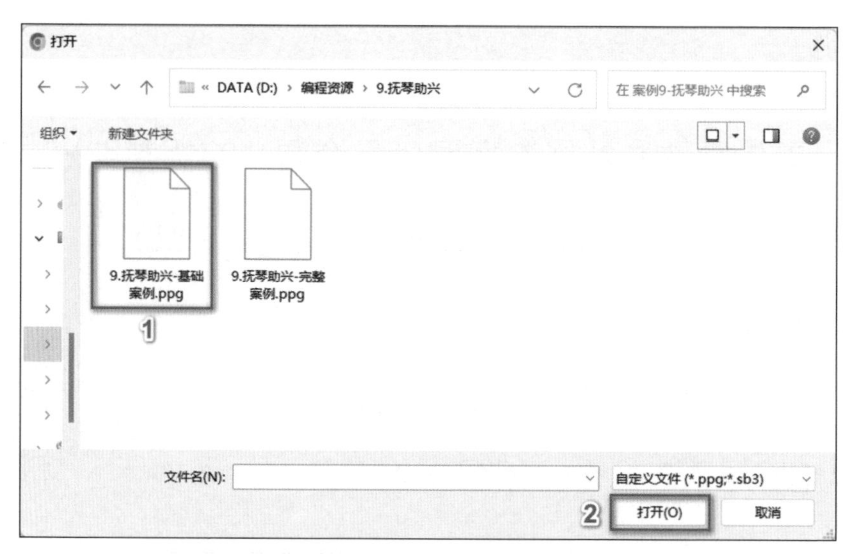

图 9-4　选择“9. 抚琴助兴 – 基础案例 .ppg”文件

上述操作完成后，布置的舞台效果，如图 9-5 所示。

图 9-5　舞台效果图

9.4.2 动动手：搭积木

按如下流程操作完成“抚琴助兴”的积木搭建。

1. 控制故事的背景音乐播放

1）试听“背景音”。点击“第 9 章背景”，可以看到程序中播放声音的积木，我们可以点击 ▶运行 按钮，听一下这里的“背景音”是什么样子的，播放后可以发现，这是一首悠扬的古琴曲，当作我们的背景音乐再合适不过了，如图 9-6 所示。

图 9-6 拖曳“播放声音”积木

2）设置朗读的等待时间。在“控制”类积木中找到积木 等待 1 秒 ，把它拖曳到积木块编辑区中积木 当 ▶ 被点击 下，放置到积木 播放声音 9.春江花月夜 ▾ 下面。将积木 等待 1 秒 的等待时间设置为 3 秒，如图 9-7 所示。

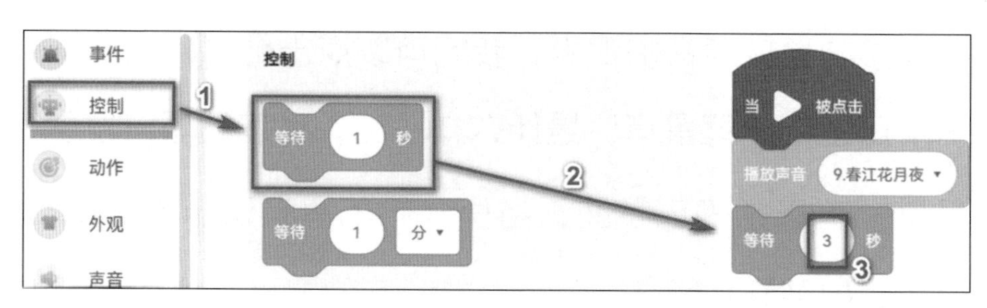

图 9-7　拖曳“等待 1 秒”积木

2. 录制诗词朗诵音频

1）录制诗词朗诵音频。点击素材区下方的“挑素材”，然后点击左下角“自有素材”中的“声音”，再点击“录音”，如图 9-8 所示。

2）在弹出的“录制声音”弹窗中，点击“开始录音”按钮开始音频的录制，如图 9-9 所示。

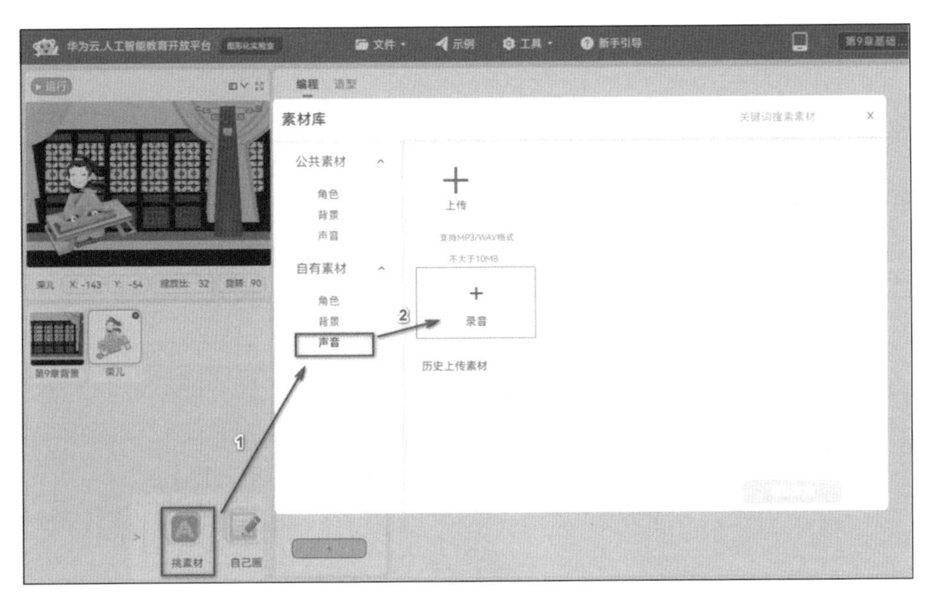

图 9-8　开启平台录音功能

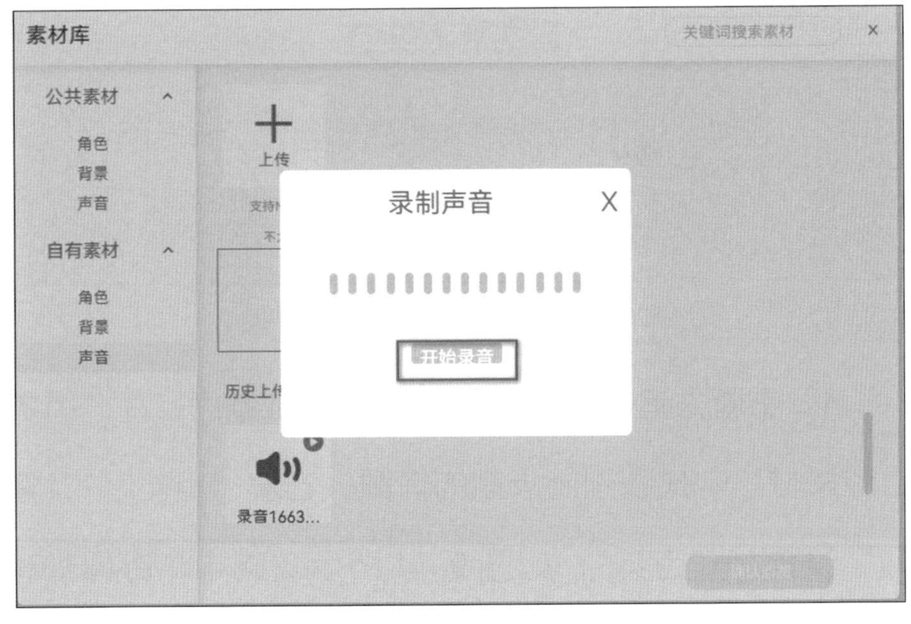

图 9-9　点击“开始录音”按钮

3）试听音频保存。录音完成后，点击“结束录音”按钮，接下来，点击“录音试听”按钮，试听一下刚才的录音，如果不满意，重新录制；如果满意，点击“录音上传”按钮，完成音频录制，如图 9-10 所示。

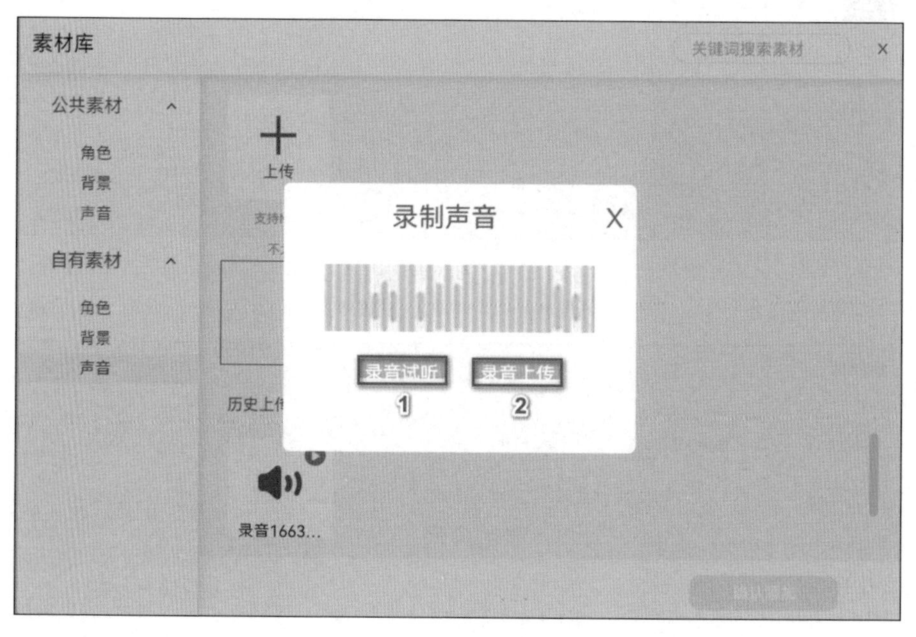

图 9-10　点击“录音上传”按钮

4）重新为音频命名并添加。完成录制后，在“历史上传素材”中找到刚刚录制的音频，右键“重命名”，将文字设置为“诗词”，如图 9-11 所示。选中“诗词”音频，点击“确认添加”按钮，如图 9-12 所示。

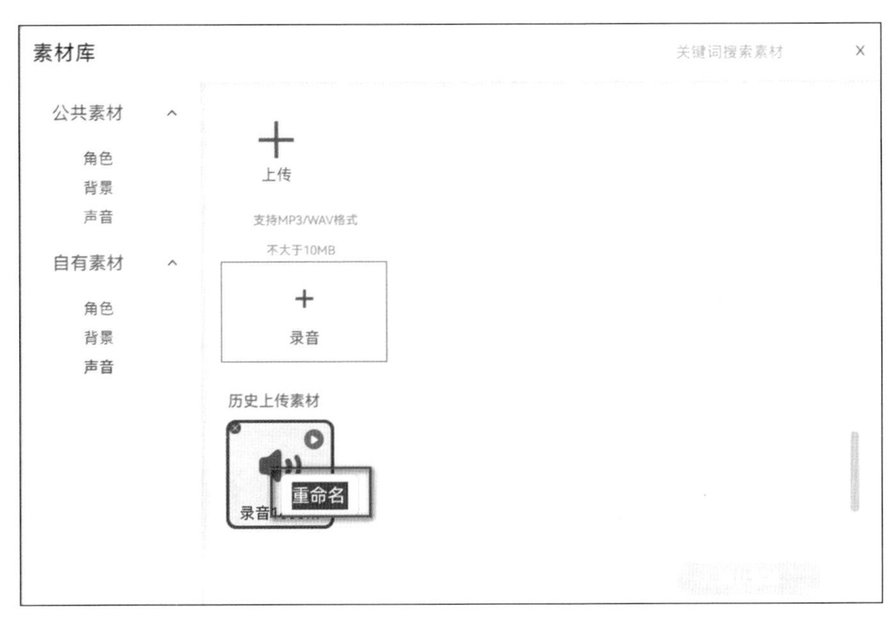

图 9-11　点击“重命名”按钮

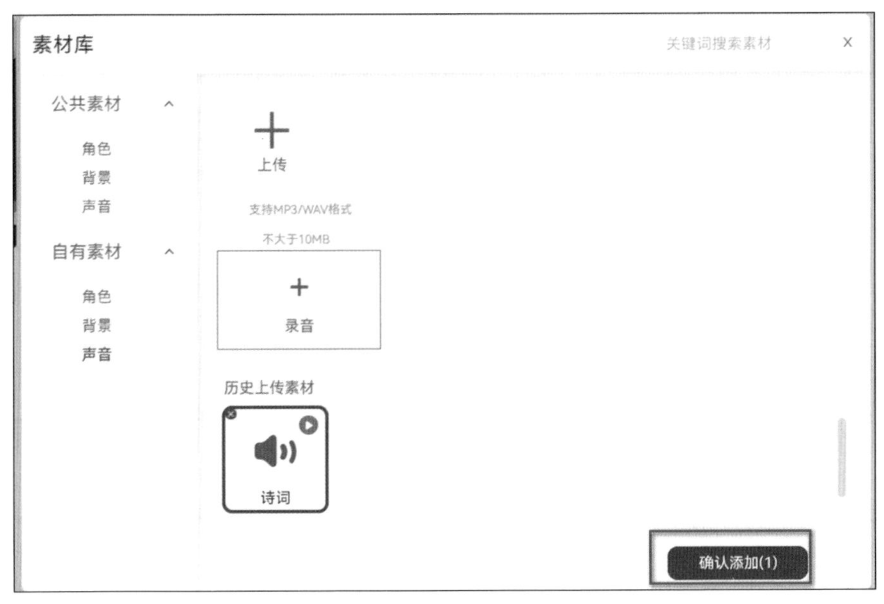

图 9-12　点击“确认添加”按钮

5）播放“诗词”。在“声音”类积木中找到积木 ，把它拖曳到积木块编辑区中积木 的下面，放置到积木 下面。将积木 的“播放声音”设置为“诗词”，如图 9-13 所示。

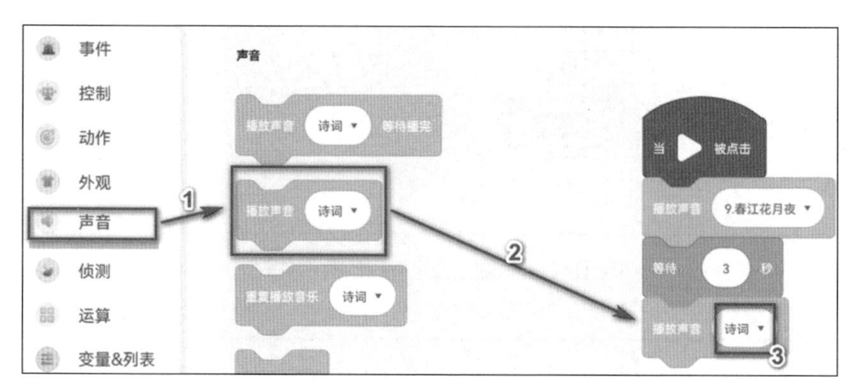

图 9-13 拖曳“播放声音诗词”积木

6）播放“诗词”的时候，降低“背景音”的音量，使朗读声音更加清晰。在“声音”类积木中找到积木 ，把它拖曳到积木块编辑区中积木 的下面，放置到积木 下面。将积木 的“音量”设置为 60%，如图 9-14 所示。

7）发送广播，与其他角色通信。在“事件”类积

木中找到积木 广播 消息1 ，把它拖曳到积木块编辑区中积木 当 被点击 的下面，放置到积木 将音量设为 60 % 下面。将积木 广播 消息1 的“广播”设置为“朗读”，如图 9-15 所示。

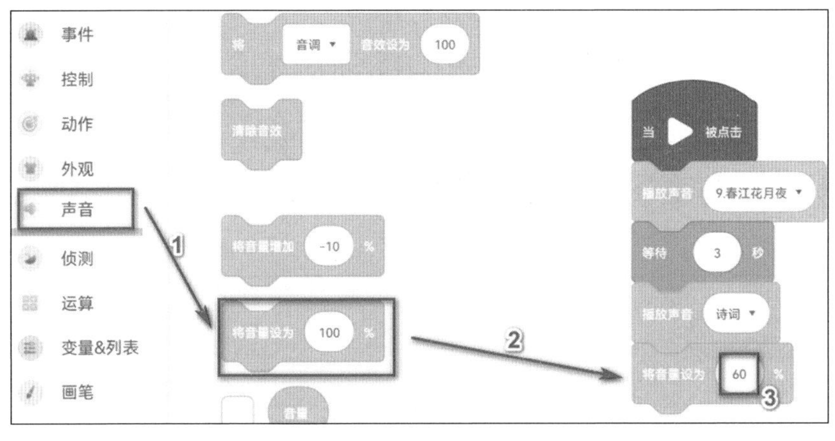

图 9-14 拖曳“将音量设为 100%”积木

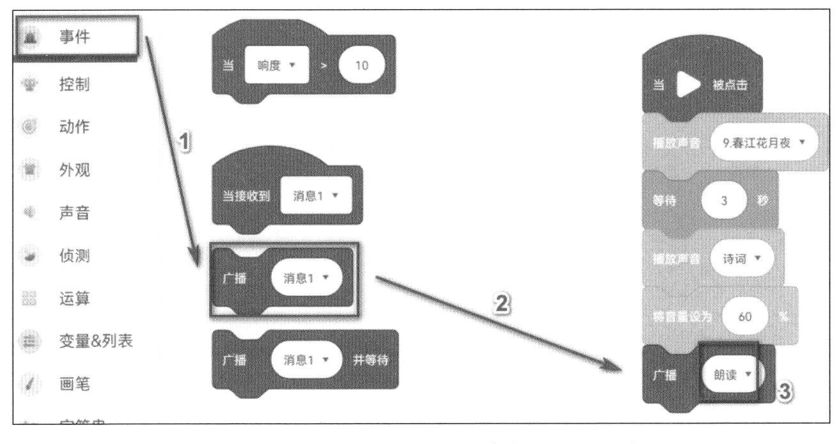

图 9-15 拖曳“广播消息 1”积木

3. 编写“荣儿”的动作积木

1）设置“荣儿”的启动条件。点击素材区的“荣儿”，将鼠标移至“事件”类积木中找到积木 当▶被点击 ，把它拖曳到积木块编辑区。

2）在“控制”类积木中找到积木 重复执行 ，拖曳到积木块编辑区中积木 当▶被点击 的下面，如图 9-16 所示。

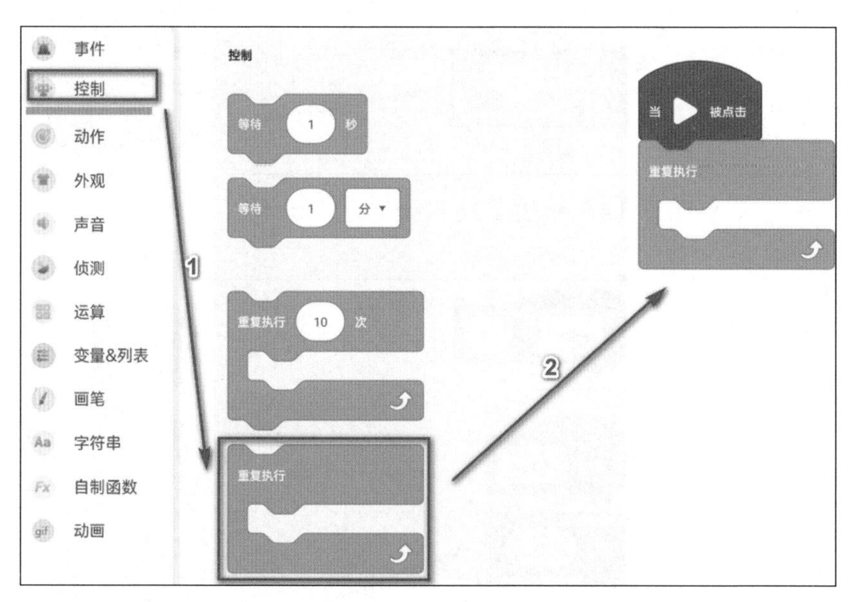

图 9-16　拖曳“重复执行”积木

3）设置“荣儿”的演奏效果。在“外观”类积木

中找到积木 下一个造型 ，把它拖曳到积木块编辑区的积木

中，如图 9-17 所示。

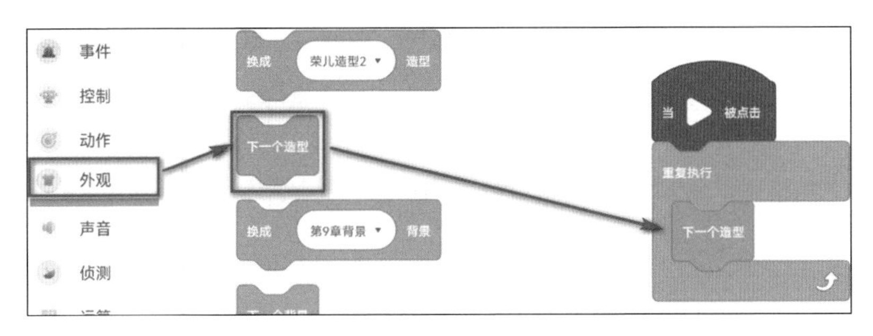

图 9-17　拖曳“下一个造型”积木

4）在“控制”类积木中找到积木 等待 1 秒 ，把它拖曳到积木块编辑区的积木

中，放置到积木

下一个造型 下面，如图 9-18 所示。

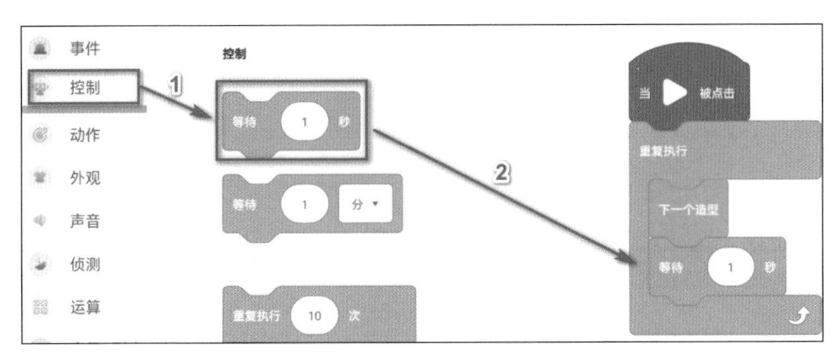

图 9-18　拖曳“等待 1 秒”积木

4. 编写“诗词”的出现效果积木

1）添加“万里赴戎机”角色，设置“诗词”角色的动作积木。点击素材区下方的“自己画”，点击“文本”，输入文字“万里赴戎机”，选中文字，通过上方的选项设置文字的颜色、字体、大小。选中角色，在舞台中修改角色名称为“万里赴戎机”，如图 9-19 所示。

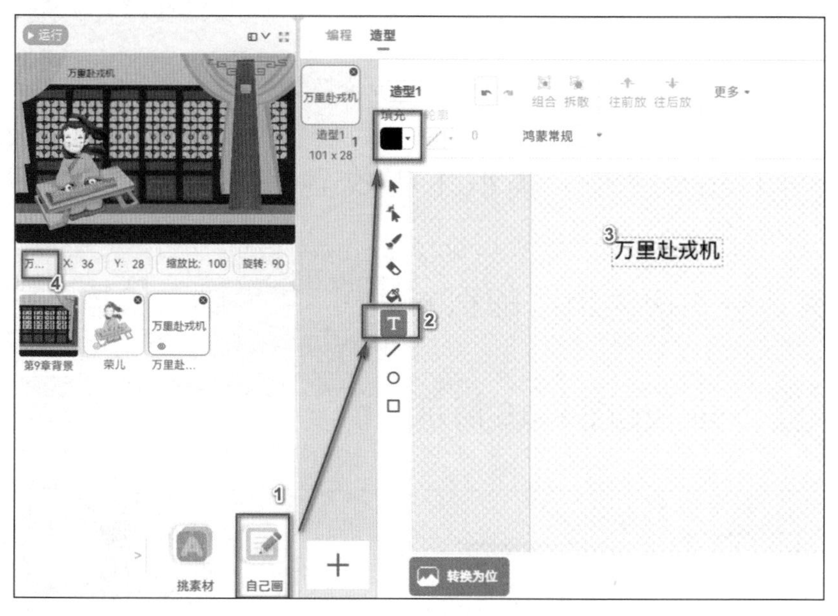

图 9-19　添加“万里赴戎机”角色

2）点击左上角编程，切换到编程界面。在“事件”类积木中找到积木 当 ▶ 被点击，把它拖曳到积木块编辑区中，如图 9-20 所示。

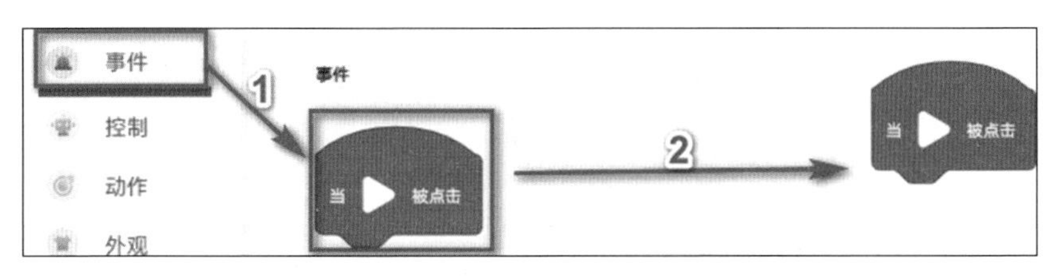

图 9-20　拖曳“当运行被点击”积木

3）在“外观”类积木中找到积木 隐藏 ，把它拖曳到积木块编辑区中积木 当 ▶ 被点击 的下面，如图 9-21 所示。

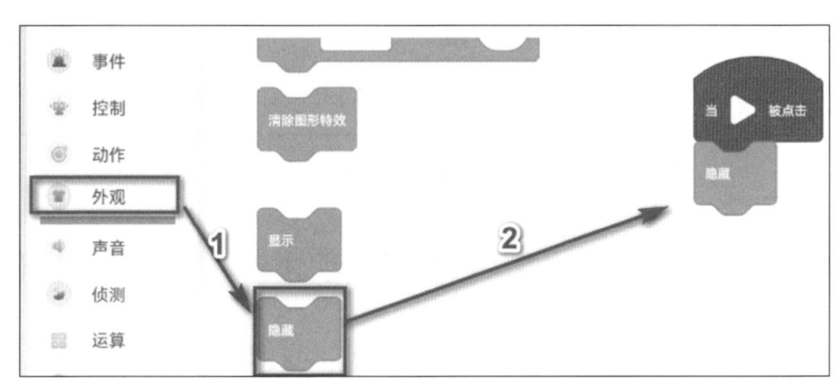

图 9-21　拖曳“隐藏”积木

4）在“事件”类积木中找到积木 当接收到 朗读 ，把它拖曳到积木块编辑区中，如图 9-22 所示。

5）在“控制”类积木中找到积木 等待 1 秒 ，把它拖曳到积木块编辑区中积木 当接收到 朗读 的下面，如图 9-23 所示。

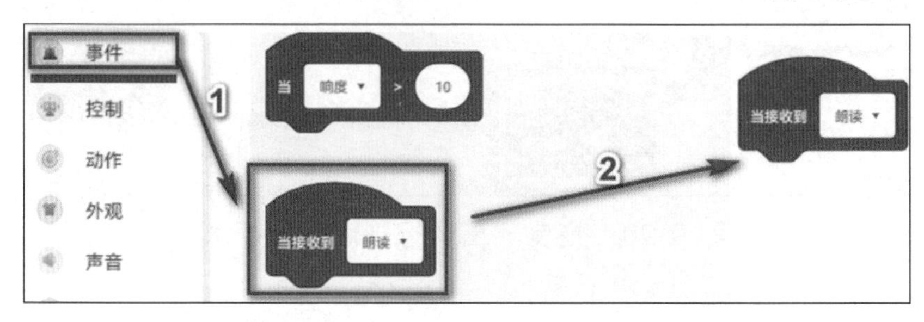

图 9-22　拖曳“当接收到朗读”积木

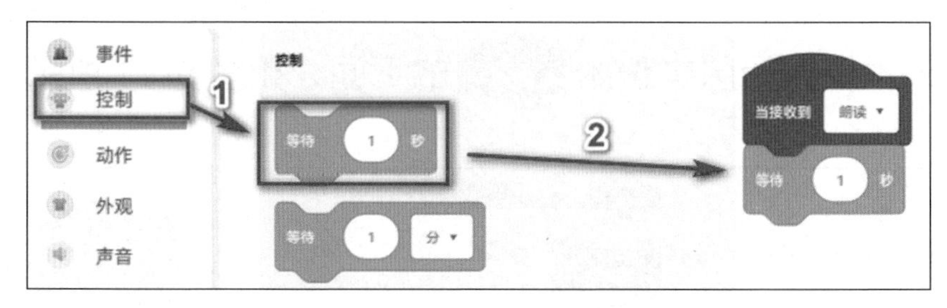

图 9-23　拖曳“等待 1 秒”积木

6）在“外观”类积木中找到积木 显示 ，把它拖曳到积木块编辑区中积木 等待 1 秒 下面，如图 9-24 所示。

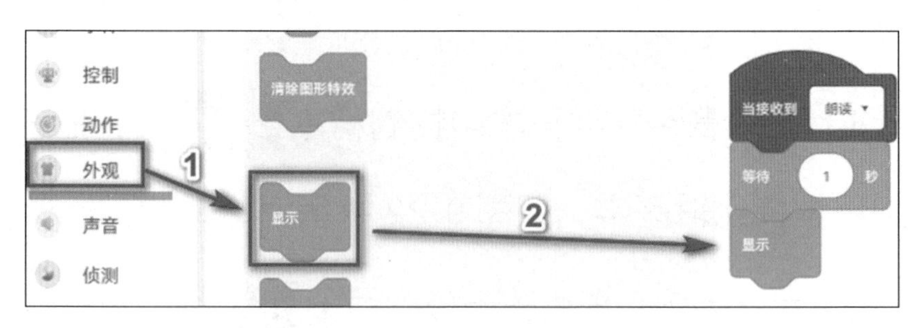

图 9-24　拖曳“显示”积木

7）按照上述步骤添加角色“关山度若飞”“朔气传金柝”“寒光照铁衣”。选中“万里赴戎机”角色，右键复制。选中复制后的角色，在舞台的右下角，分别修改角色名称为“关山度若飞”“朔气传金柝”“寒光照铁衣”，如图 9-25 所示。

图 9-25 添加剩余诗句的角色

8）选中角色“万里赴戎机”的积木组合移动到其他三句“诗词”角色中，完成复制。然后根据录音诗句的速度，设置每个“诗词”的显示出现时间，本例中“诗词”角色“万里赴戎机”的等待时间设置为 1 秒，角色“关山度若飞”的等待时间设置为 3 秒（如图 9-26 所示），角色“朔气传金柝”的等待时间设置为 6 秒，角色“寒光照铁衣”的等待时间设置为 9 秒。

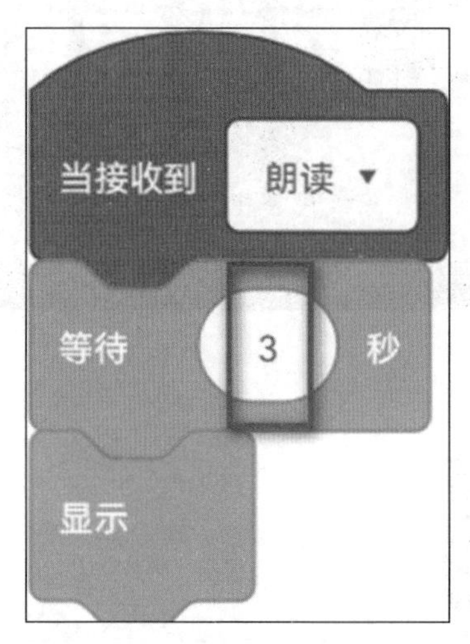

图 9-26 设定“关山度若飞”的等待时间为 3 秒

5. 运行程序

点击舞台编辑区的 ▶运行 按钮，将程序运行起来，古琴声响起，播放出录制的“诗词”朗读音频，然后屏幕上出现《木兰辞》中的“诗词”，古香古色，诗情画意。

本案例“背景”的最终代码如图 9-27 所示。

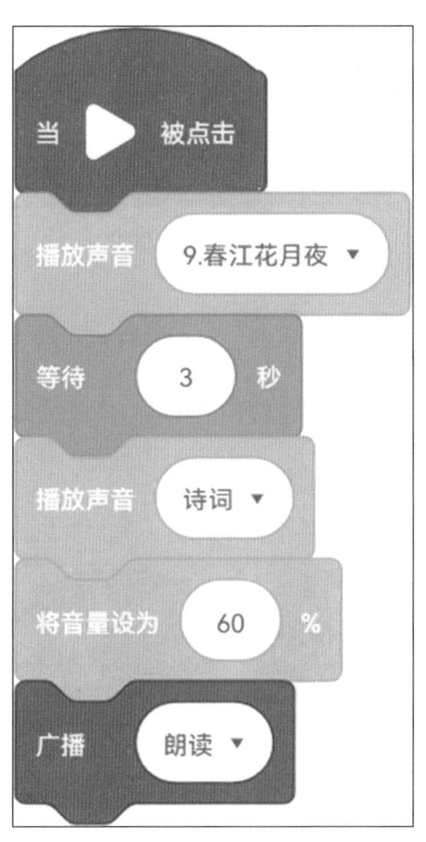

图 9-27 “背景”最终代码

本案例角色“荣儿”，最终代码如图 9-28 所示。

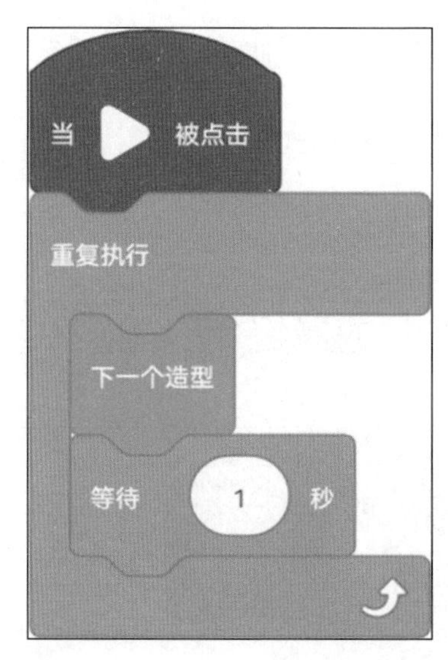

图 9-28 “荣儿”最终代码

本案例“诗词”角色“万里赴戎机”“关山度若飞”“朔气传金柝”“寒光照铁衣”，最终代码相似，只有等待时间不同，如图 9-29 所示。

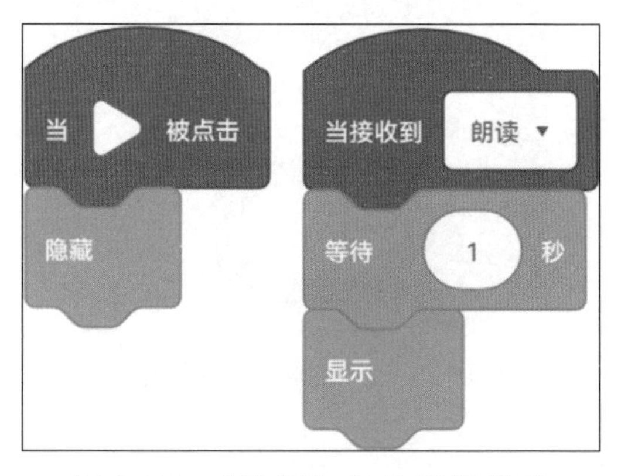

图 9-29 “诗词”角色最终代码

程序代码运行效果如图 9-30 所示。

图 9-30　程序运行最终效果

现在已经完成了所有编程创作，检查一下是否和演示程序一致。

9.4.3　动动手：保存作品

参考第 1 章的两种方法，将这个新作品保存至专属文件夹或个人中心。

9.5 理一理：编程思路

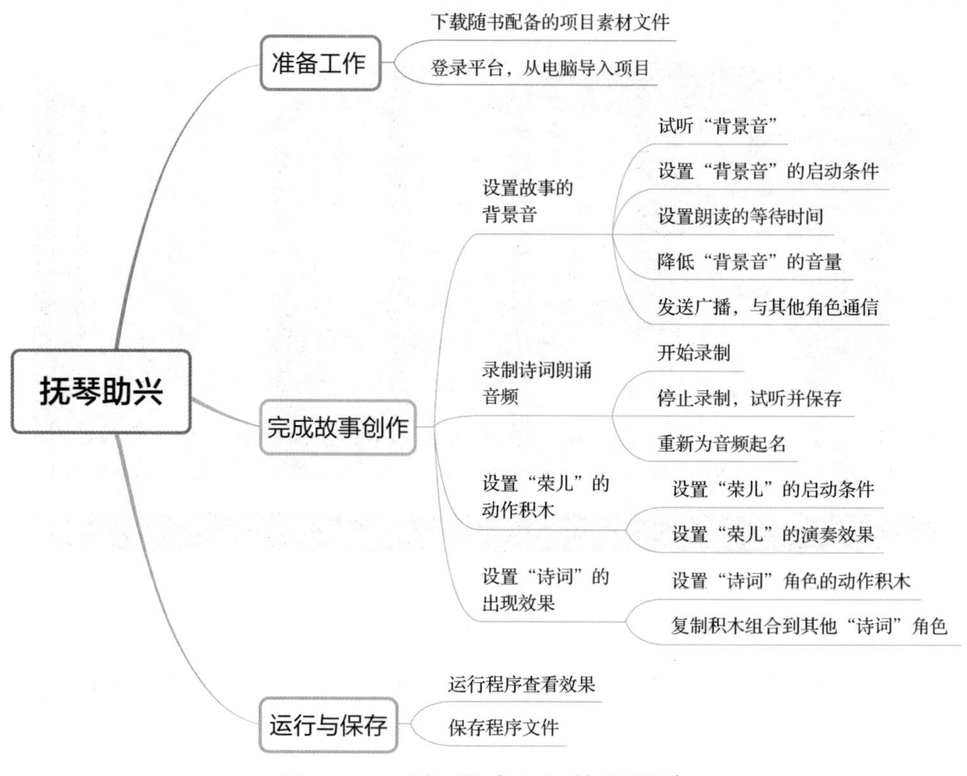

图 9-31 “抚琴助兴”编程思路

9.6 学做小小程序员

通过学习本案例，我们获得了以下知识。

1. 声音模块

在舞台上创建的角色包含许多属性，角色的声音也是为了塑造角色形象常用的属性。我们通过上传音频素材，再使用积木 播放声音 ，从开始播放声音就立即执行下面的脚本。同时，声音本身也有属性，例如音量和音调，可以利用积木 将音量设为 100 % 和积木 将 音调 音效增加 10 来控制。“抚琴助兴”主要是由“荣儿”在背景音乐的辅助下，完成诗朗诵。在程序开始运行后，使用积木 播放声音 播放“春江花月夜”的背景音乐，等待 3 秒后，再使用积木 播放声音 播放提前录制好的朗诵音频，并且利用积木 将音量设为 100 % 将朗诵音频的音量调至原来的 60%。

2. 广播

在图形化编程中，背景和角色都能够通过各自的脚本，独立完成自己要做的事情。如果我们想要背景和角色或角色和角色之间相互合作完成任务，那就需要通过广播功能来实现。角色或者背景可以使用积木 广播 朗读 给舞台上所有角色和背景发送一个广播，通知收到该广播的角色开始执行对应的操作。积木 当接收到 朗读 用来接收广播消息，与积木 广播 朗读 结合使用。“抚琴助兴”由背景在播放一段时间的背景音乐后发送“朗读”的广播，之后由四个“诗词”角色接收广播消息，在指定的时间点显示角色形象。

9.7 走近信息科学

在现代社会，语言学习是一项非常重要的技能，它不仅能够帮助我们更好地与他人沟通交流，还能够扩展我们的知识和视野。随着信息技术的不断发展，数字设备和数字资源已经成为我们学习语言的重要工具，为我们提供了更多的学习手段和方法。

数字设备可以帮助我们识字和朗读。在数字设备上，我们可以找到各种各样的语言学习软件和应用程序，这些软件和应用程序能够帮助我们学习新单词、短语和句子，同时还能够提供朗读练习。通过使用这些软件和应用程序，我们可以更加轻松地学习语言，提高自己的语言水平。

我们还可以使用数字设备进行阅读。在数字设备上，我们可以找到各种各样的电子书和数字资料，包括小说、传记、百科全书、新闻报道等等。通过阅读这些资料，我们可以提高阅读理解能力和语言表达能力。

除了数字设备，数字资源也是我们学习语言的重要工具之一。数字资源包括各种各样的语言学习网站、在线词典、语言学习论坛等。通过使用这些数字资源，我们可以找到各种各样的语言学习资料和学习工具，例如语法指南、练习题、语音识别软件等。这些数字资源不仅可以帮助我们更好地学习语言，还能够让我们与其他学习者进行交流和互动，共同提高我们的语言水平。

数字设备和数字资源为我们学习语言提供了更多的手段和方法。因此，我们应该充分利用数字设备和数字资源，树立使用信息科技的意识，不断拓展我们的语言学习之路。

第 10 章

重披红装

出门看火伴，火伴皆惊忙：同行十二年，不知木兰是女郎。

雄兔脚扑朔（shuò），雌兔眼迷离；双兔傍（bàng）地走，安能辨（biàn）我是雄雌？

——《木兰辞》

10.1 讲故事

木兰脱去战袍，穿上以前女孩子的衣裳，在窗前对着镜子梳妆打扮后，脸颊（jiá）上泛起微微的红晕。

庆功宴上，独孤征正在享受美食，萧炎还在纳闷木兰怎么还不出来。就在这时，只见木兰一袭女装，独孤征看到后，惊讶地睁大眼睛，手中的鸡腿都掉落了，萧炎也是一脸震惊。木兰走到两人面前，对他们说："怎么，不认识你们的'木将军'了？"

萧炎和独孤征愣愣地站了起来，异口同声地说道："木兰，咱们一起十余年，我们竟然没看出你是女孩！"

正好此时，有两只野兔跑过来，木兰灵机一动，抓住两只兔子说道："你们看，这两只小兔子被提着耳朵悬在半空时，雄兔两只前脚时时动弹，雌兔两只眼睛时常眯着，所以容易分辨。但是，两只小兔子并排跑的时候，怎么分辨雄兔和雌兔呢？”

木兰跟大家解释了缘由，知道了她替父从军的苦心后，大家都夸赞她是个孝顺的女儿。

伙伴们也要返回军队了，临行前木兰送给萧炎和独孤征两幅画，开玩笑地说：“我的这两幅画，有几处不同，看看你们能不能找到？”画中是大家在燕山打猎时看到的场景，有树，有微风，还有落日。几人边回忆边嬉笑打闹，谈笑间就把不同之处找到了。

木兰依依不舍地送走伙伴们，目送着他们的背影，愈去愈远，才和家人回家。从此以后，木兰一家人过着安稳的农家生活，幸福地生活在一起。

这就是替父从军、聪明机智、孝顺父母的女英雄——木兰的故事。

10.2 看程序

扫描二维码，按以下方法操作，可以看到本案例的呈现效果。

1）接下来让我们开始运行程序吧！点击 ▶运行 按钮，启动程序。

2）点击“第一处不同”角色，呈现“第一处不同”造型，如图 10-1 所示。

图 10-1 “第一处不同”造型

3）点击“第二处不同”角色，呈现“第二处不同”造型，如图 10-2 所示。

图 10-2 “第二处不同”造型

4）点击“第三处不同”角色，呈现“第三处不同”造型，如图 10-3 所示。

图 10-3 “第三处不同”造型

5）点击“第四处不同”角色，呈现“第四处不同”造型，如图 10-4 所示。

图 10-4 “第四处不同”造型

6）点击“第五处不同”角色，呈现“第五处不同”造型，如图 10-5 所示。

图 10-5 “第五处不同”造型

10.3 学设计

这个程序展示了“在木兰赠送给伙伴的画卷上找不同”场景，设计思路和实现方法如下。

1）布置舞台场景。

2）创建“第一处不同”“第二处不同”“第三处不同”“第四处不同”“第五处不同”五个角色。

3）启动程序，舞台左上角会出现计时器和剩余“不同”的计数器，“木兰”会提示找不同的规则。

4）随着时间流逝，计时器减少。

5）点击两幅画面的“不同”：如果被找到，将计数器减一，该处“不同”通过变大来突出显示，并且提示“被找到了”。

6）如果在规定时间内，找到全部五处“不同”，那么提示全部“不同”被找到，任务结束。

7）如果在规定时间内没有找完，则提示时间到了，任务失败。

10.4 编写程序

若想实现“在木兰赠送给伙伴的画卷上找不同”程序模块的功能，具体方法如下。

10.4.1 动动手：布置舞台

我们首先需要准备好本案例所需资源“10. 重披红装”文件夹，再利用这些资源布置舞台。

按如下流程操作：

1）在图形化编程环境下，点击“文件”菜单，选择“从电脑导入”命令，如图 10-6 所示。

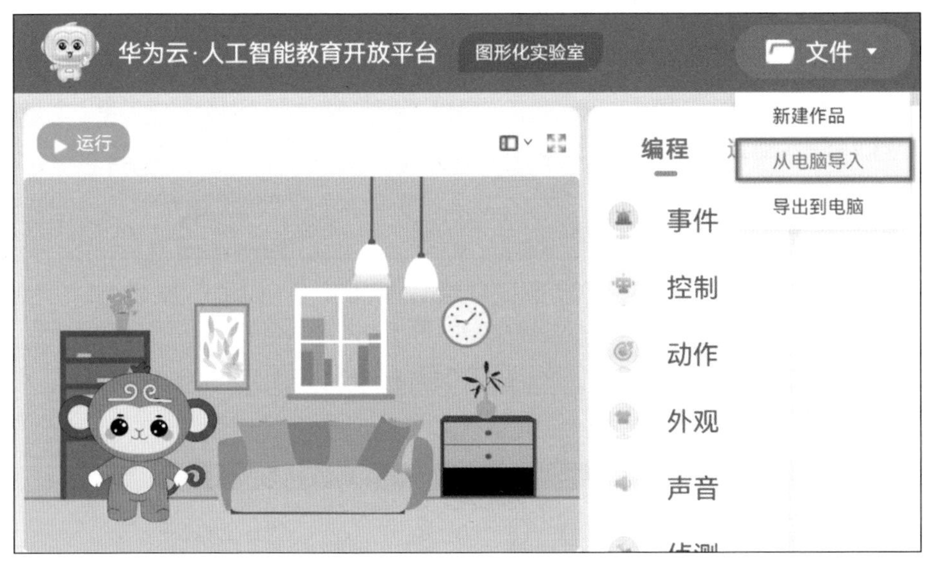

图 10-6　选择“从电脑导入”命令

2）在弹出的“打开文件”对话框中，找到编程资源“10. 重披红装”文件夹的位置，选择“10. 重披红装 - 基础案例 .ppg”文件，点击“打开”按钮，完成“10. 重披红装 - 基础案例 .ppg”文件的导入操作，如图 10-7 所示。

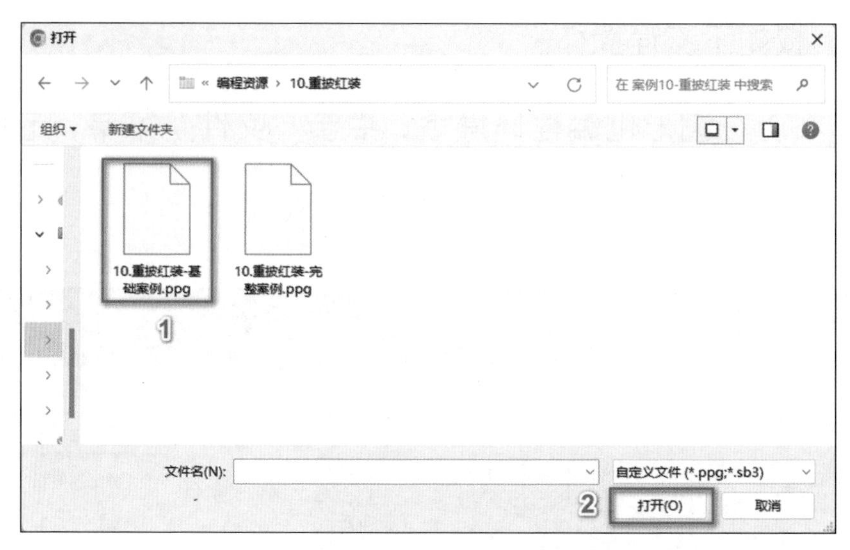

图 10-7　选择“10. 重拔红装 – 基础案例 .ppg”文件

上述操作完成后，布置的舞台效果如图 10-8 所示。

图 10-8　舞台效果图

10.4.2 动动手：搭积木

按如下流程操作“重披红装”的积木搭建。

1. 编写角色“木兰”的动作积木和变量的创建积木

1）设置“木兰”的启动条件。点击“已选素材区”的“木兰”，将鼠标移至“事件”类积木中找到积木 当 ▶ 被点击 ，把它拖曳到积木块编辑区。

2）设置“木兰”的开场白。在“外观”类积木中找到积木 说 你好! 2 秒 ，把它拖曳到积木块编辑区中积木 当 ▶ 被点击 的下面。把积木 说 你好! 2 秒 中“说”的文字设置为“请在 60 秒内找到五处不同哦，我们开始吧！”，如图 10-9 所示。

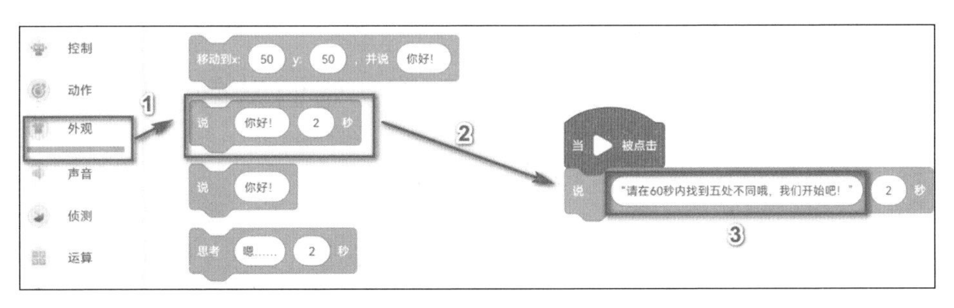

图 10-9 拖曳“对话”积木

3）新建变量“剩余”。在脚本编辑区点击“变量 & 列表”按钮，在弹出的“变量管理”界面，点击“建立一个变量”按钮，然后根据默认选项，为变量命名为“剩余”，点击“确定”按钮，完成全局变量的新建，如图 10-10 所示。

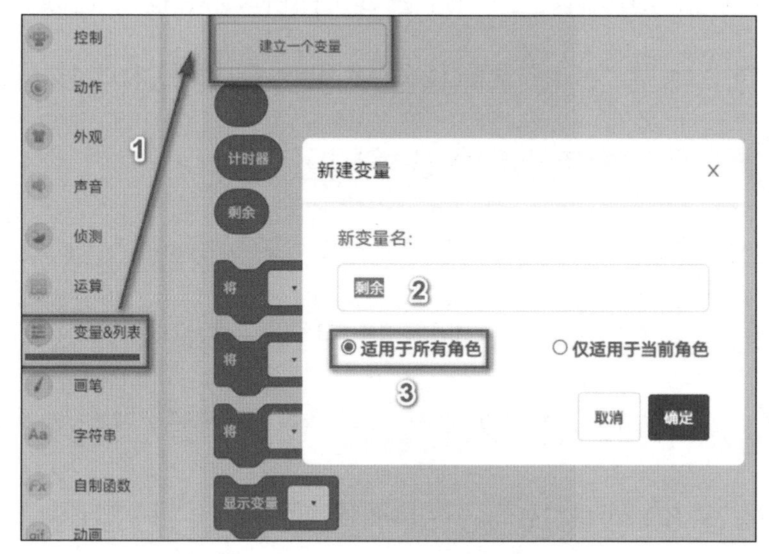

图 10-10　新建一个“剩余”变量

4）设置变量“剩余”的初始值。选择积木 将 我的变量 设为 0 ，把变量“剩余”的初始值设置为 5，完成初始值的设置，如图 10-11 所示。

相同的方式创建“计时器”变量，初始值设置为 60，如图 10-12 所示。

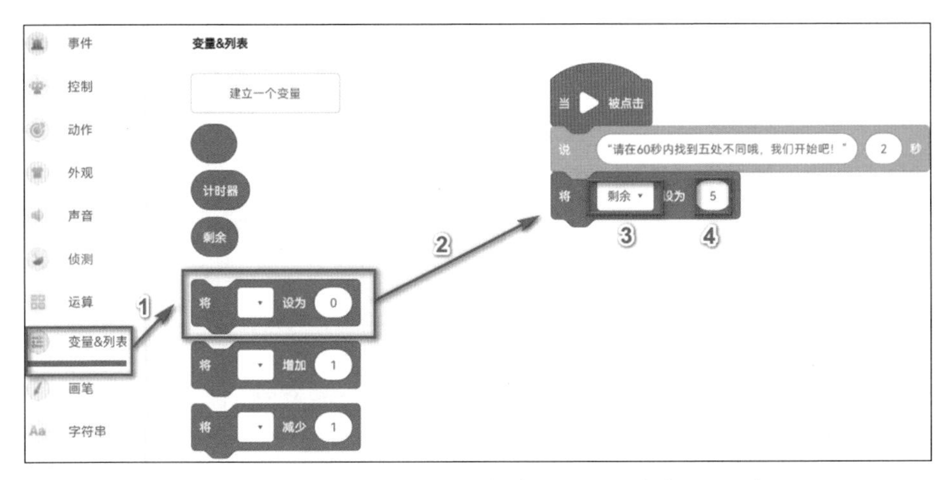

图 10-11　拖曳“将某个变量设初始值”积木

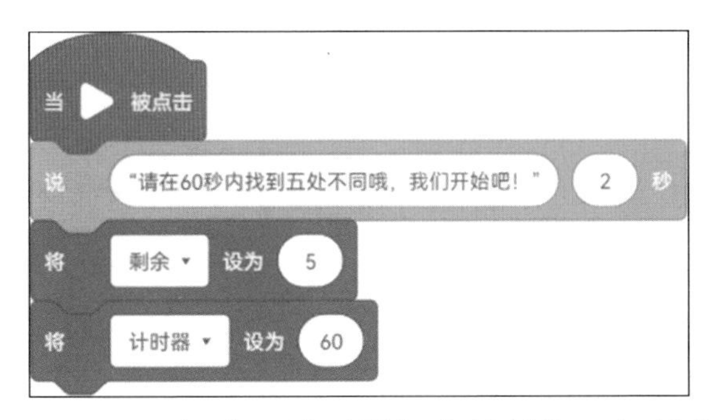

图 10-12　新建“计时器”变量并设置初始值

2. 编写多变量的效果积木

1）设置变量“时间”读秒效果。在“控制”类积木中找到积木［重复执行］，把它拖曳到积木块编辑区中积木［当 被点击］的下方，放置在积木［将 计时器 设为 60］下面，如图 10-13 所示。

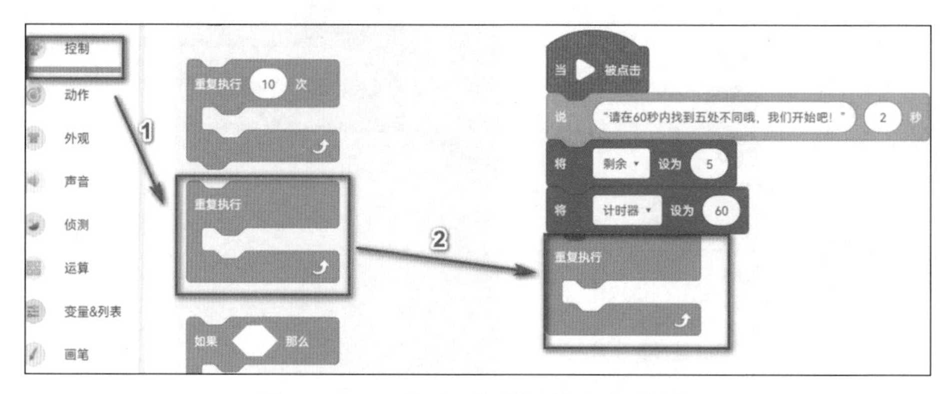

图 10-13　拖曳“重复执行”积木

2）在“变量 & 列表”类积木中找到积木 将 我的变量 设为 0，把它拖曳到积木块编辑区的积木 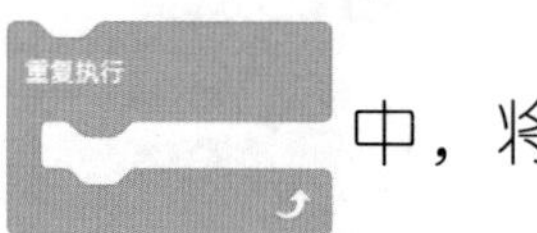 中，将积木中的“我的变量”设置为“计时器”，如图 10-14 所示。

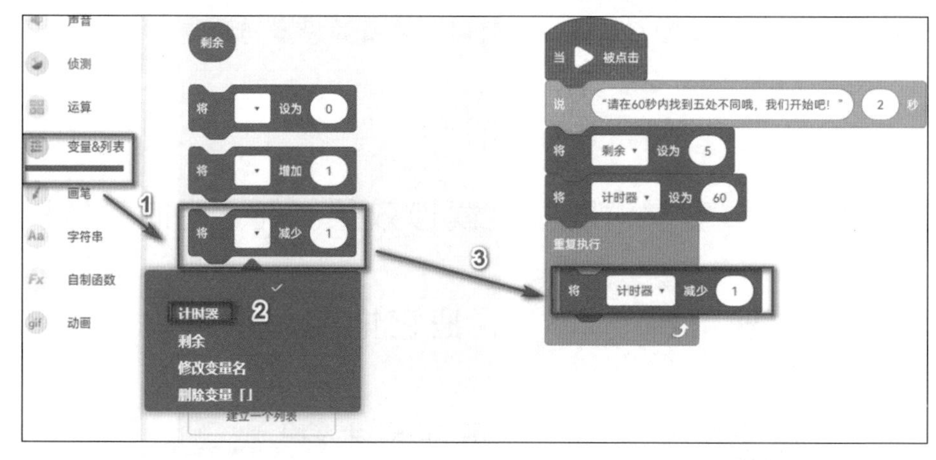

图 10-14　拖曳“将某个变量减少 1”积木

3）在“控制”类积木中找到积木，把它拖曳到积木块编辑区的积木中，如图 10-15 所示。

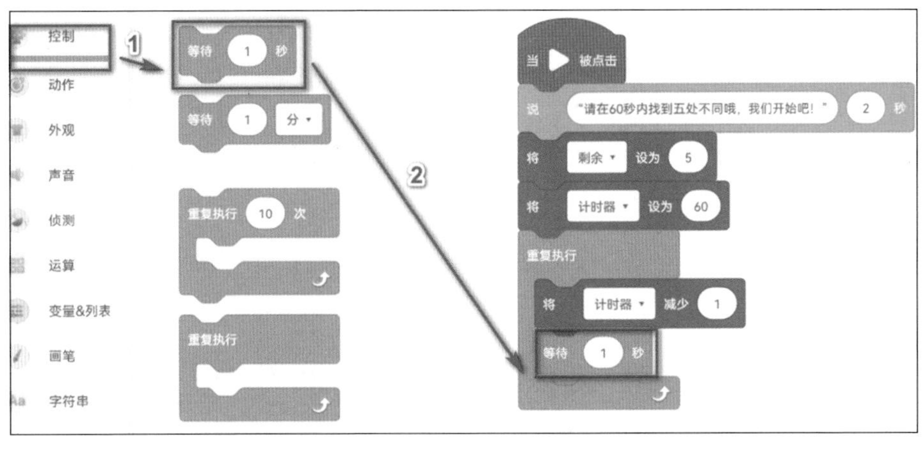

图 10-15　拖曳“等待 1 秒”积木

4）设置变量“计时器”读秒结束后的事件。在“动作控制”类积木中找到积木，把它拖曳到积木块编辑区的积木下，如图 10-16 所示。

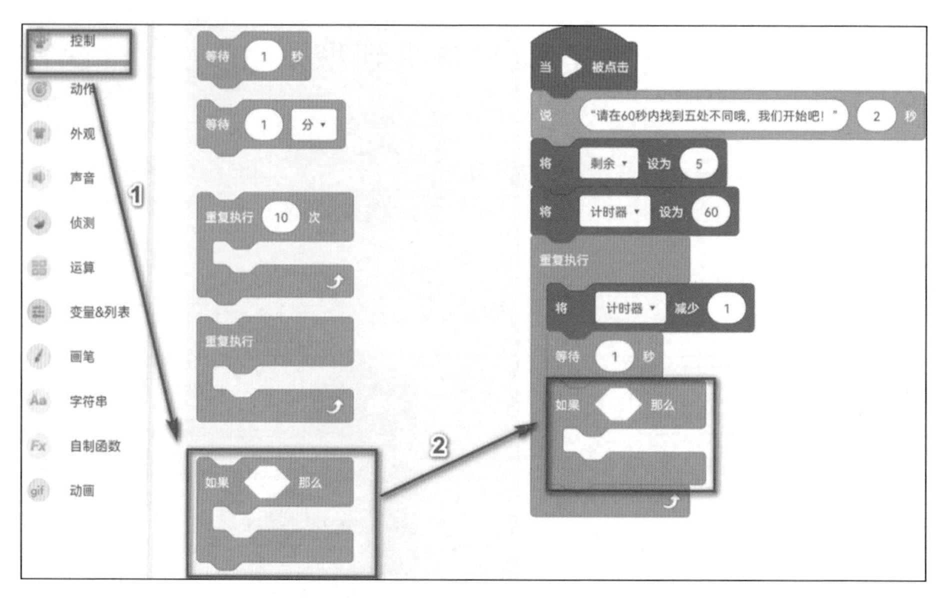

图 10-16　拖曳“条件判断”积木

5）在“运算”类积木中找到积木，把它拖曳到积木块编辑区中积木的六边形条件框中，如图 10-17 所示。

6）在“变量 & 列表”类积木中找到积木，把它拖曳到积木块编辑区中积木左侧的数值栏中，并将右侧的数值栏设为 0，如图 10-18 所示。

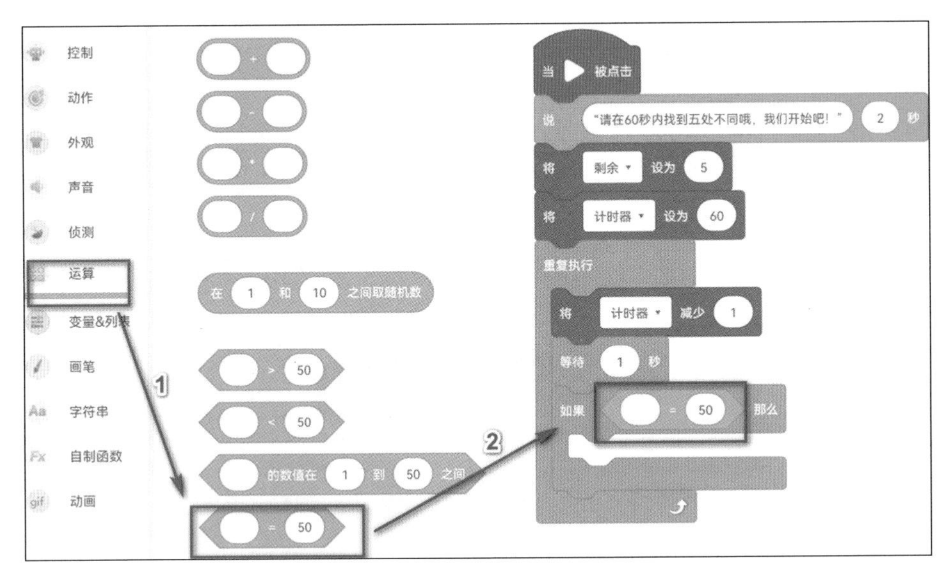

图 10-17　拖曳“等于”积木

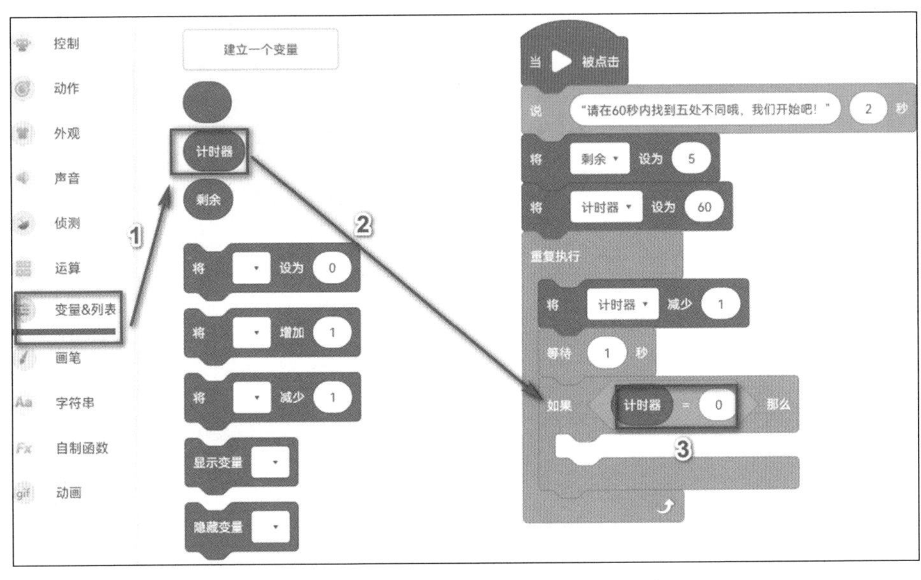

图 10-18　拖曳“计时器”积木

7）在“外观”类积木中找到积木 说 你好! ，把它拖曳到积木块编辑区的积木 如果 那么 中，把积木 说 你好! 中的“你好！”设置为“时间到了哦！”，如图 10-19 所示。

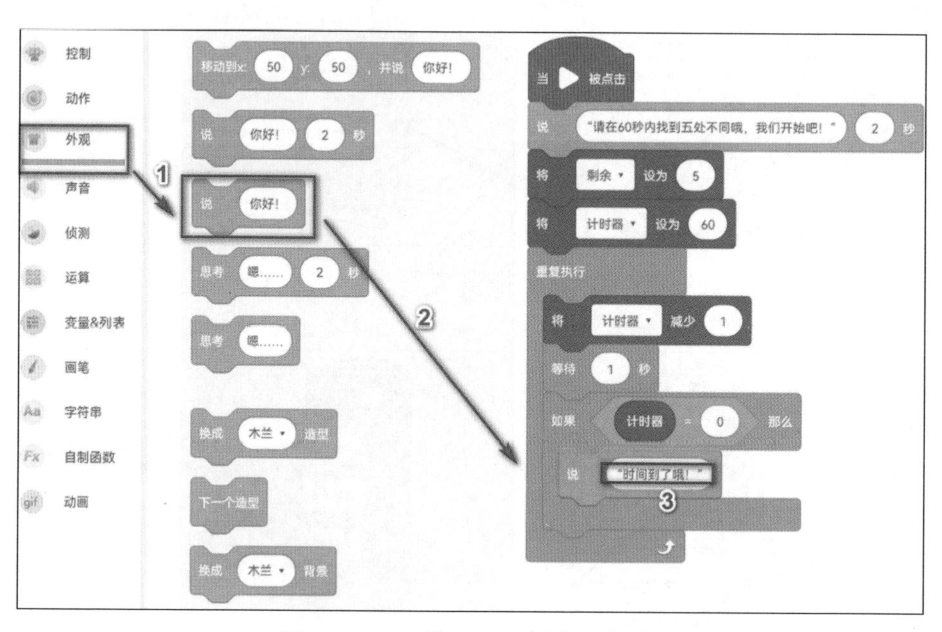

图 10-19　拖曳“对话”积木

8）在“控制”类积木中找到积木 停止 全部脚本 ，把它拖曳到积木块编辑区的积木 如果 那么 中，放置在积木 说 “时间到了哦！” 的下面，如图 10-20 所示。

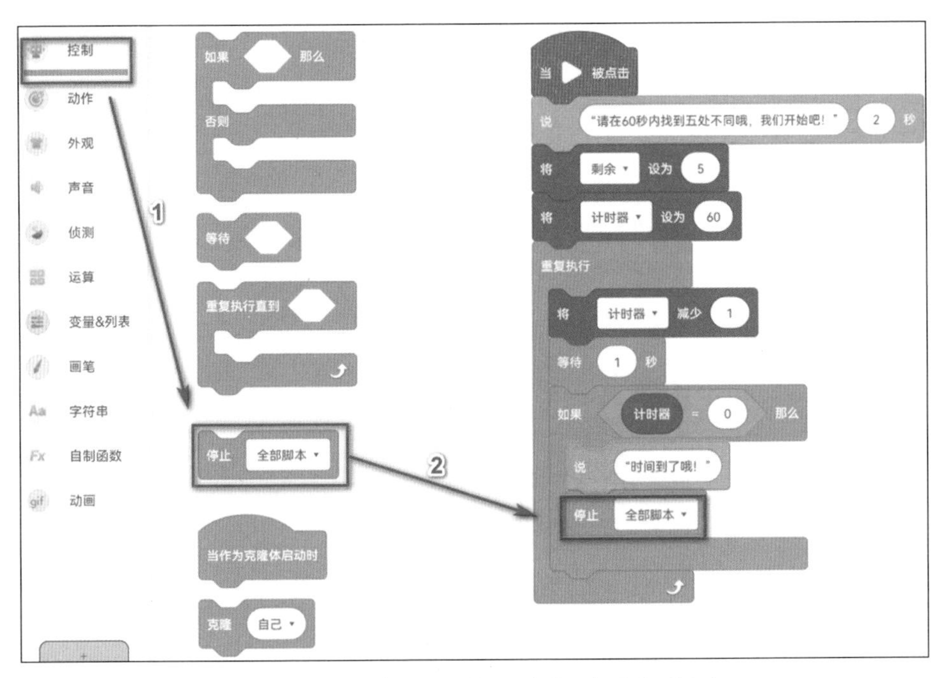

图 10-20　拖曳“停止全部脚本”积木

9）设置变量“剩余”的效果积木。

选中积木 如果 那么 点击鼠标右键，在弹出的菜单中选择“复制”，可得到一套与步骤二中的 4）～ 8）操作相同的积木组合，把得到的积木组合拖曳到积木块编辑区的积木 重复执行 中，放置到积木 如果 那么 的下面，将其中的 计时器 变量设置为 剩余，将积木 说 "时间到了哦！" 中的“时间到了哦！”设置为“五处不同都找到了哦！”，如图 10-21 所示。

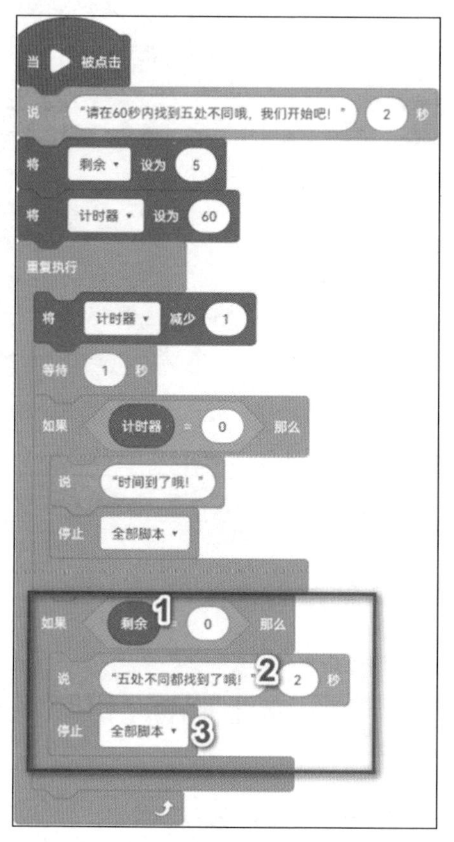

图 10-21　编写变量“剩余”的效果积木

3. 编写设置“第一处不同”的动作积木

1）设置“第一处不同”的启动条件。点击“已选素材区”的“第一处不同”，将鼠标移至“事件”类积木中

找到积木 当▶被点击 ，把它拖曳到积木块编辑区。

2）在“外观”类积木中找到积木 显示 ，拖曳到积木块编辑区中积木 当▶被点击 的下面，同时设置角色的初始大小，在“外观”类积木中找到积木 将大小设为 100 % ，将数值改为 25，如图 10-22 所示。

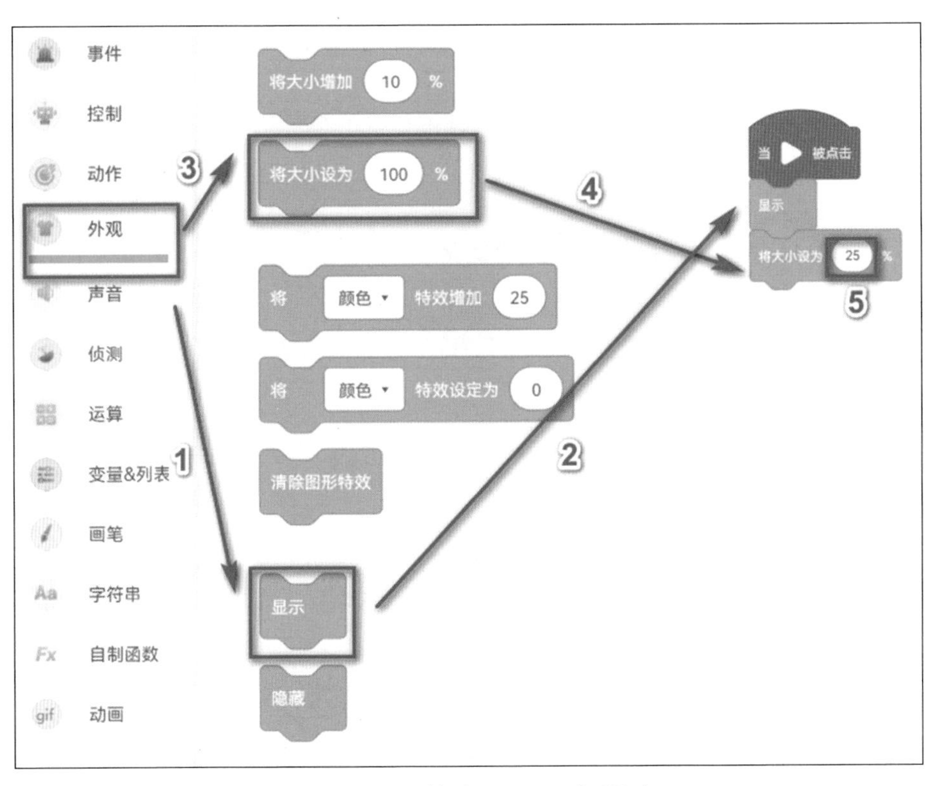

图 10-22 拖曳“显示”积木

第10章 重披红装

3）设置“第一处不同”的被点击效果。将鼠标移至“事件”类积木中找到积木 当角色被点击 ，把它拖曳到积木块编辑区。

4）在“外观”类积木中找到积木 将大小增加 10 % ，把它拖曳到积木块编辑区中积木 当角色被点击 的下面，右侧数值设为 10，如图 10-23 所示。

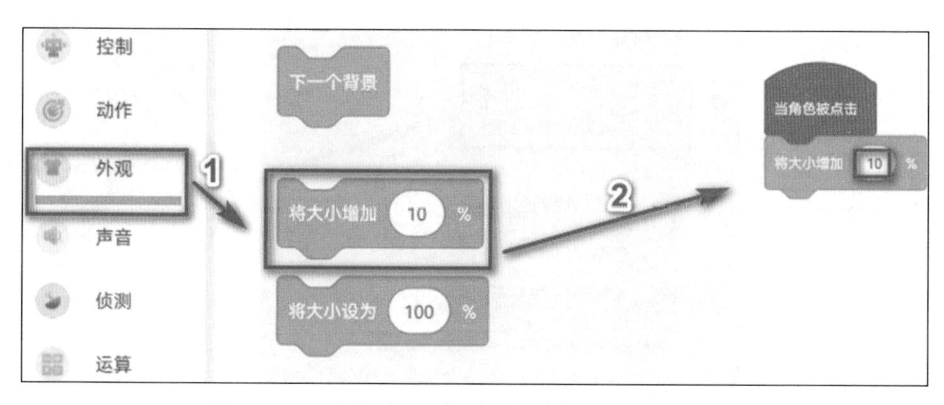

图 10-23　拖曳“将大小增加 10%”积木

5）在“变量 & 列表”类积木中找到积木 将 我的变量 减少 1 ，把它拖曳到积木块编辑区中积木 将大小增加 10 % 下面，选择“剩余”变量，右侧数值设为 1，如图 10-24 所示。

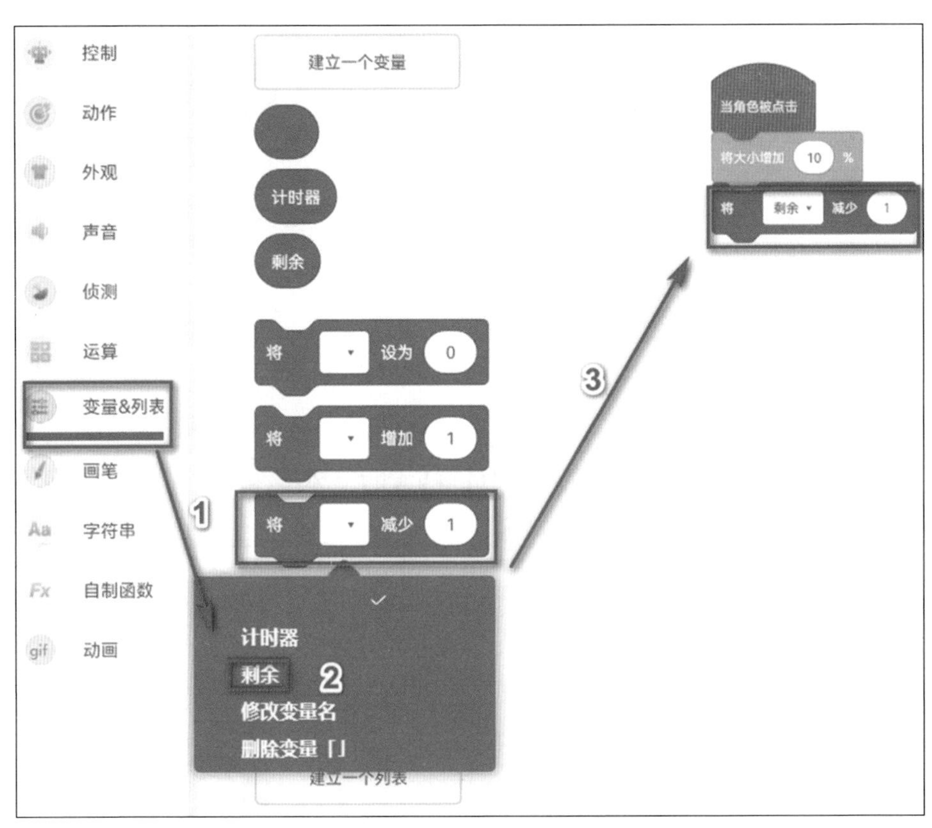

图 10-24　拖曳“将剩余减少 1”积木

6）在“外观”类积木中找到积木 说 你好! 2 秒 ，把它拖曳到积木块编辑区中积木 将 剩余 减少 1 的下面，文本内容改为“被找到啦!”，持续时间为 2 秒，如图 10-25 所示。

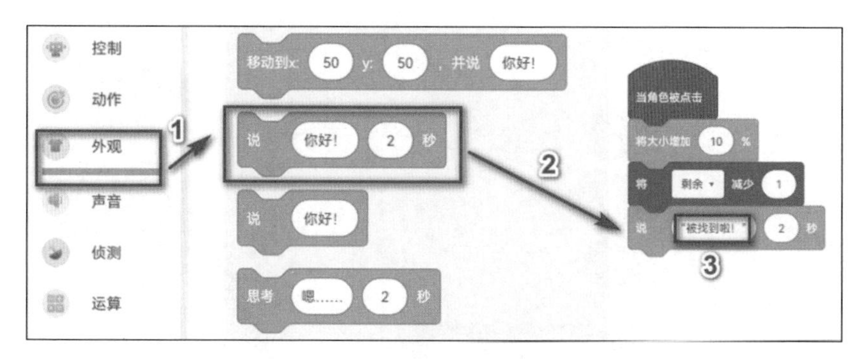

图 10-25　拖曳“对话”积木

7）在“外观”类积木中找到积木 隐藏 ，把它拖曳到积木块编辑区中积木 说 “被找到啦!” 2 秒 的下面，如图 10-26 所示。

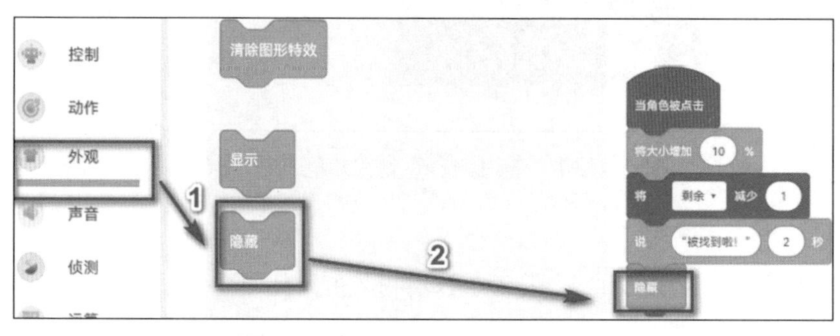

图 10-26　拖曳“隐藏”积木

4. 编写跨角色重复使用积木组合

1）选中积木 当 ▶ 被点击 和 当角色被点击 在键盘上依次按下 Ctrl+C 即可复制整段积木块，如图 10-27 所示。

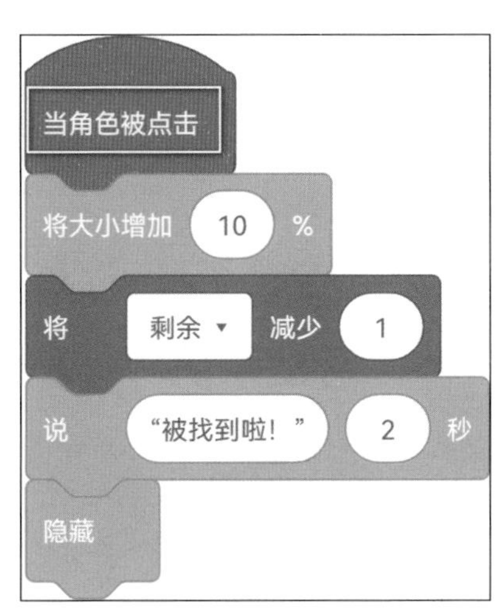

图 10-27 复制“第一处不同”的全部积木

2）点击“已选素材区”的“第二处不同”，将鼠标移至空白积木块编辑区，在键盘上依次按下 Ctrl+V 便可得到与“第一处不同”相同的积木组合。

3）相同方法重复使用“第一处不同”的积木组合，将积木组合粘贴到“第三处不同”“第四处不同”和“第五处不同”中。

5. 运行程序

点击舞台编辑区的 ▶运行 按钮，将程序运行起来，可以看到程序中变量“计时器”不断减少，当变为 0 时，提示“时间到了哦！”，在屏幕中点击出两幅画的“不同”之处后，会触发效果，每次找到一处“不同”，变量“剩余”减少 1。

本案例中角色“木兰”的最终代码如图 10-28 所示。

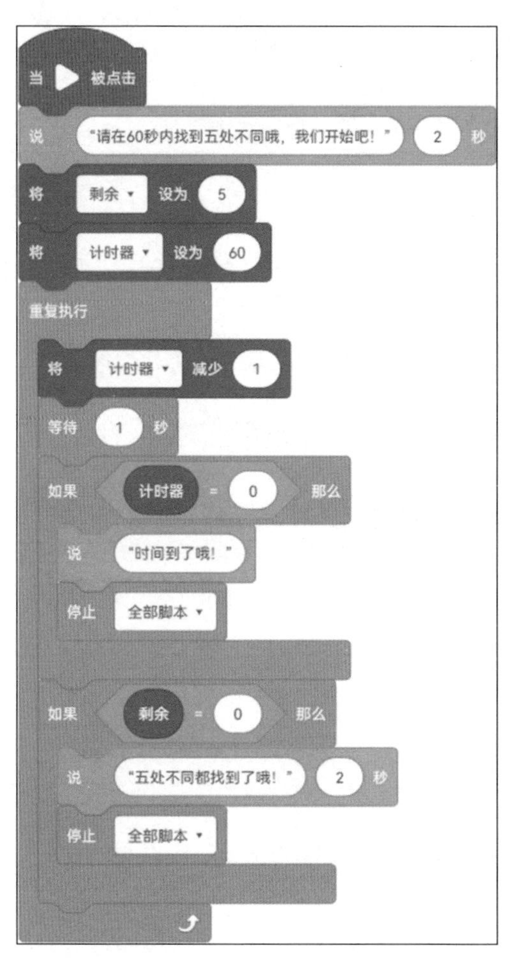

图 10-28 “木兰”最终代码

本案例中角色从“第一处不同”到“第五处不同”代码相同，每一处“不同”的最终代码如图 10-29 所示。

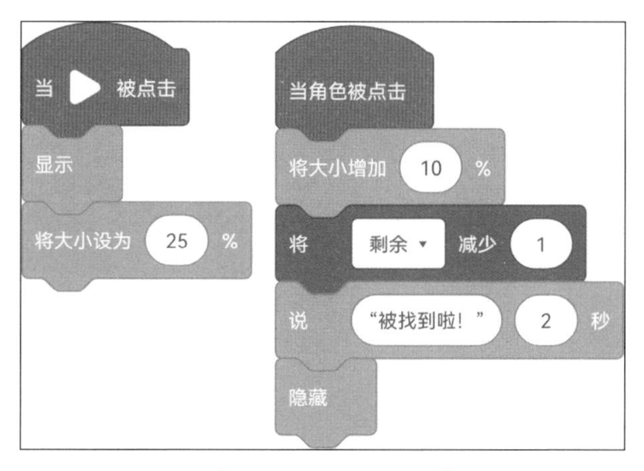

图 10-29　每一处“不同”的最终代码

程序代码运行效果如图 10-30 所示。

图 10-30　程序运行最终效果

现在已经完成了所有编程创作，检查一下是否和演示程序一致。

10.4.3 动动手：保存作品

参考第 1 章的两种方法，将这个新作品保存至专属文件夹或个人中心。

10.5 理一理：编程思路

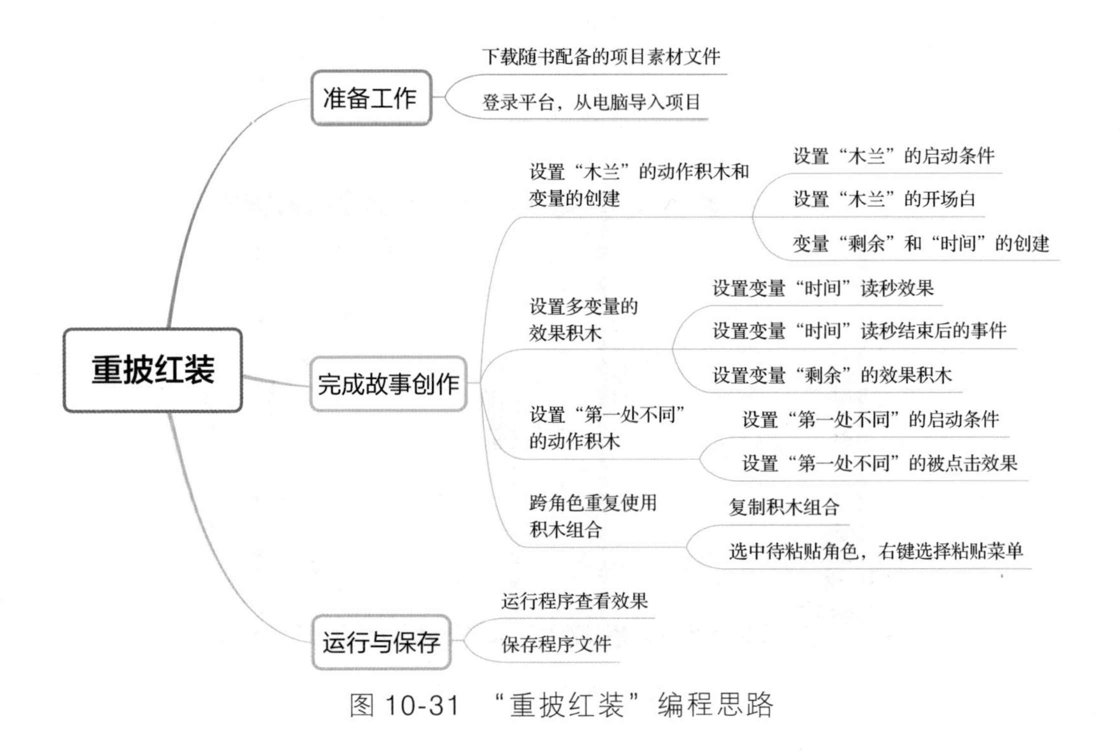

图 10-31 “重拔红装”编程思路

10.6 学做小小程序员

通过学习本案例，我们获得了以下知识。

1. 角色的属性及控制

角色的属性是图形化编程一个非常基础的功能，例如我们生活中看到物品，在描述它的时候，会从各个角度去叙述。角色的属性包括颜色、大小、显示状态、位置坐标等，同样都有对应的积木来控制这些属性的变化。“重披红装”中，如果某处“不同”被找到，在舞台上经过鼠标点击后，该角色需要通过变大来突出显示，表示找到了“不同”。在积木 当角色被点击 下面拼接积木 将大小增加 10 % ，实现点击后变大为原来 110% 的效果。

2. 变量

变量，简单来说就是一个可以变化的量。例如，小朋友的身高会不断长高，需要一个可以变化的量来形容身高。我们可以设置一个变量，并按照功能命名。之后我们可以对变量进行控制，例如更改显示状态、设置初始值、增加或减少变量，以及变量之间的关系运算等。在“重披红装”中，我们需要设置两个变量：一是倒计时的计时器，命名为“计时器”；另一个是目前舞台上未被找到的“不同”个数，命名为“剩余”。创建完成后，我们可以在“变量”的选项中发现创建好的积木 计时器 和 剩余 。在程序运行之初，需要对两个变量赋初始值，利用积木 将 ▾ 设为 0 将“计时器”设置为 60，将“剩余”设置为 5。“计时器”随着时间需要持续减 1，“剩余”需要在每找到一处“不同”就减 1，这时我们利用积木 将 ▾ 减少 1 将对应的变量减少。

3. 综合运用

在实际编程时，往往需要我们学习过的所有知识来配合完成。我们首先要熟练掌握每一个基础的知识点，在适当的位置使用相应的结构。“重披红装”中，使用到了多个基础结构。案例使用了复杂的结构嵌套来实现

"计时器"不断减少。同时还使用到了复杂的逻辑运算，其中使用数据运算，来实现两个变量的减小；使用关系运算来判断当前两个变量的数值是否与 0 相等，从而引导判断找不同任务是否成功。

10.7 走近信息科学

在这个信息化的时代，网络学习已经成为一种新兴的教育方式。通过在线学习，学习者可以更好地借助在线工具将问题进行拆分、抽象建模、分步骤解决。同时，利用网络资源分发任务、完成任务，从而培养学习者的计算思维能力。

计算思维是在线学习过程中非常重要的一部分。它是一种解决问题的思考方式，能够帮助学习者更好地理解编程语言和技术。通过培养计算思维，学习者将能够更加高效地分析问题、制定解决方案，并将这些方案应用到实际生活中。

在线学习平台让学习者可以自主安排学习编程的时间和节奏。这样一来，他们不仅能够根据自己的兴趣和需求选择合适的课程内容，还能够在轻松愉悦的氛围中提高自己的编程技能。

在线学习平台上有着丰富多样的教学资源和实践项目，让学习者可以在实践中不断巩固所学知识。学习者可以通过在线工具将问题解决过程进行分步描述，这样的描述方式有助于他们更清晰地理解每个步骤的逻辑关系和功能作用。

在线学习还可以利用网络资源进行任务分发与完成。这种方式不仅提高了学习效率，还有助于培养学习者的团队协作能力。通过与其他学习者共同合作完成任务，他们会懂得如何有效地分享信息、协调资源和分配工作，锻炼自己的沟通能力和解决问题的能力。

在线学习的另一个好处是可以让学习者在学习过程中不断探索。通过在解决问题的过程中不断地思考和创新，从而培养学习者的创新精神和实践能力，让他们在未来的职业生涯中更加有竞争力。

当然，在线学习也有其不足之处。例如，学习者可能无法得到及时的反馈和指导。但是，随着在线学习技术的不断发展，这些问题也在逐渐得到解决。

在线学习为青少年编程教育带来了全新的可能性。青少年能突破时间和空间的限制，获取到更多优质的教育资源。通过培养思维能力，青少年能够更好地应对未来的挑战，成为具备创新精神和实践能力的新时代人才。

附　录

附录 A　编程环境使用说明

1. 访问编程环境

可以通过浏览器或者客户端进入图形化编程平台首页，如图 A-1 所示。

2. 了解编程环境

接下来我们一起熟悉一下网站的环境吧。网站的编程界面主要由菜单栏、舞台编辑区、脚本编辑区 3 部分构成，如图 A-2 所示。

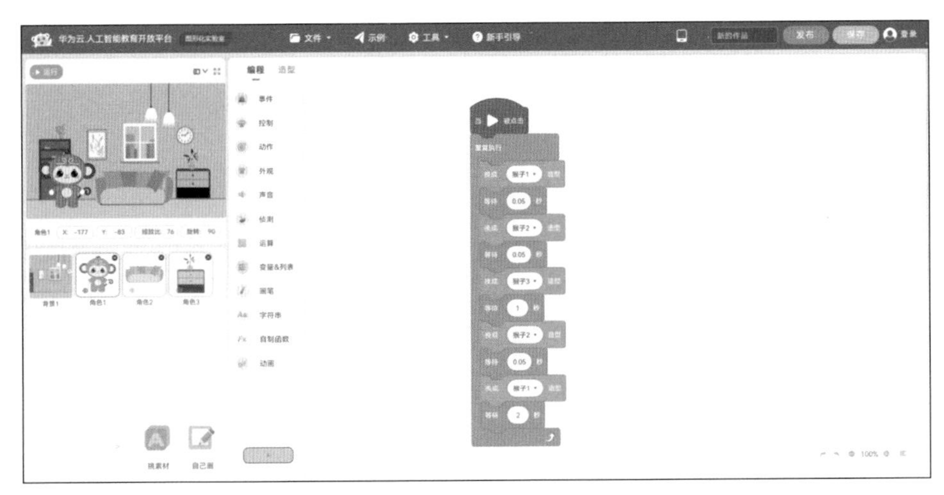

图 A-1　图形化编程平台首页

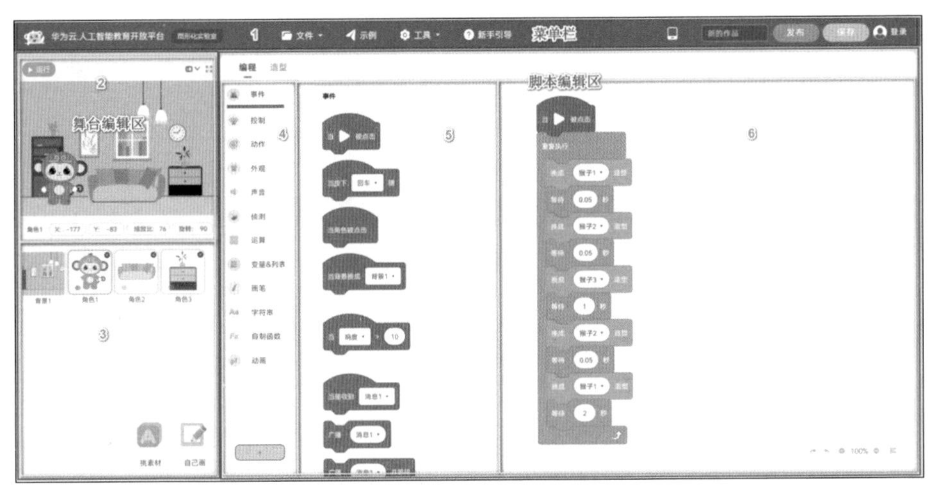

图 A-2　编程界面

附录

其中标号 1 的部分为菜单栏。标号 2 的部分为舞台预览区，标号 3 的部分为已选素材区，它们共同构成了舞台编辑区。标号 4 的部分为积木块类别区，标号 5 的部分为积木块选择区，标号 6 的部分为积木块编辑区，它们共同构成了脚本编辑区。

接下来让我们具体认识一下每个功能区吧！

A.1　菜单栏

菜单栏位于整体界面的最上方，主要由 5 部分组成，分别为“文件”“示例”“工具”“新手引导”和快捷键按钮，如图 A-3 所示。

图 A-3　菜单栏

（1）文件

“文件”按钮包括“新建作品”“从电脑导入”“导出到电脑”3 个命令，如图 A-4 所示。

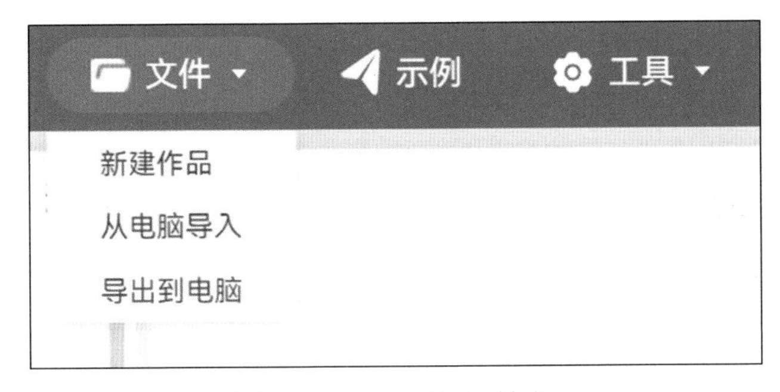

图 A-4 “文件”按钮

- 点击“新建作品”命令，会新创建一个完全空白的项目，学习者可以发挥想象，进行创作。
- 点击“从电脑导入”命令，会打开一个已经保存到自己电脑上的项目。其中包含已有的舞台、角色、声音和所有积木。
- 点击“导出到电脑”，会将一个编辑好的项目直接保存到本地电脑上。

（2）示例

点击“示例”按钮，会看到许多平台已经为大家准备好的示例作品，如图 A-5 所示。这些示例程序，一方面可以给予学习者创作启发，另一方面也有助于学习者在其基础上进行再编辑与再创作。

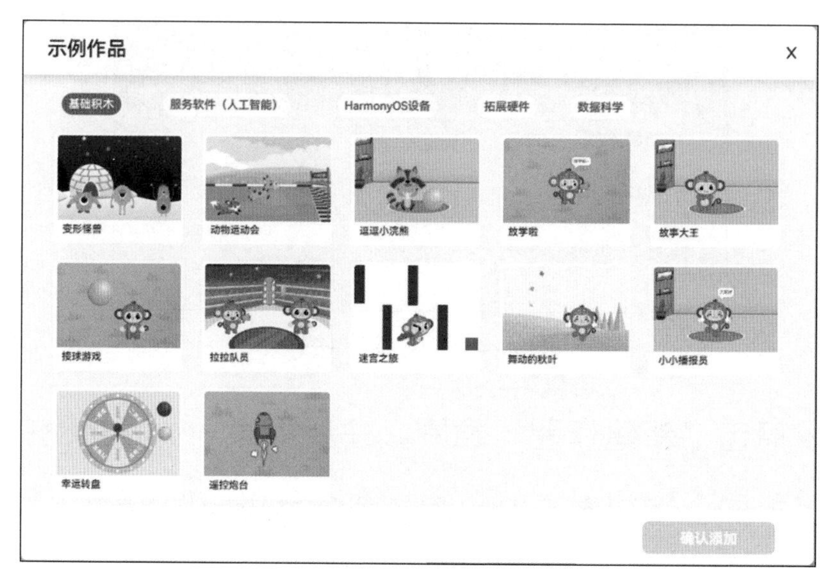

图 A-5　示例作品

（3）工具

点击“工具”按钮，下载编程助手。

（4）新手指导

点击“新手指导”按钮，可以看到平台为大家提供的基本功能介绍。

（5）快捷键按钮

在菜单栏的右半部分是菜单栏的快捷键按钮。

▣是“手机预览”按钮，在账号登录的状态下，单击此按钮可将作品移至手机端进行预览调试。

是“命名”按钮，在条形框中输入想要的作品名字就可以为当前编辑的作品命名。

是“发布”按钮，在完成作品之后可单击“发布”按钮，对作品信息进行设置，将自己的作品发布出去。

是“保存”按钮，在完成作品之后可直接单击“保存”按钮进行保存，保存好的作品可在“个人中心 – 我的作品”中进行查看和操作。

是“登录”按钮，学习者单击“登录”按钮进行登录，登录账号以后就可以在此账号上对自己的作品进行编辑管理。

温馨提示：“手机预览”“发布”和“保存”三个命令都需要我们登录账号才能够实现。

A.2 脚本编辑区

脚本编辑区是作品创作与编辑的主阵地，如图 A-6

所示。脚本编辑区左上方有“编程”和“造型”2 个标签按钮，分别对应 2 个操作面板。

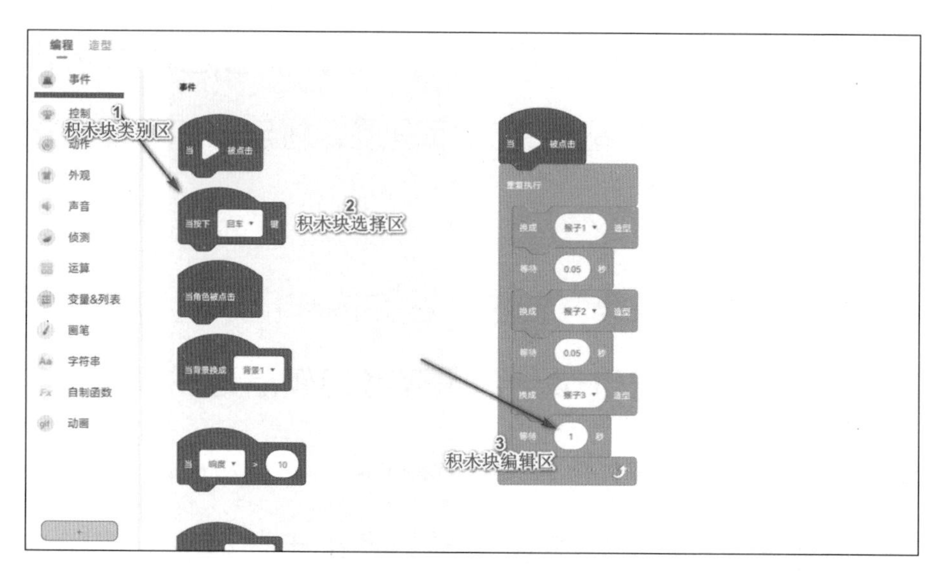

图 A-6　脚本编辑区

（1）“编程”标签按钮

点击“编程”标签按钮后，切换到积木块编辑面板，具体包括积木块类别区、积木块选择区、积木块编辑区。这 3 个区域在逻辑上呈递进关系，在选择相应的积木块类别后，可进入相关积木块的选择区，选择合适的积木块之后拖进积木块编辑区，就可以对所选积木块进行搭建操作了。

温馨提示：发现积木块类别区、积木块选择区、积木块编辑区颜色的一致性了吗？

（2）“造型”标签按钮

点击“造型”标签按钮会切换到“背景与角色绘制”面板，如图 A-7 所示。在这里可以利用自己手绘、选择动画库现有素材以及上传电脑中的素材等方式，创造或者选择自己喜欢的背景或角色。

图 A-7 “背景与角色绘制”面板

附录

A.3 舞台编辑区

舞台编辑区包括舞台预览区与“已选素材区”两部分。

（1）舞台预览区

这是角色产生动作与交互的场所，舞台上通过设置适合的背景和角色，让游戏在舞台预览区展现出来，如图 A-8 所示。

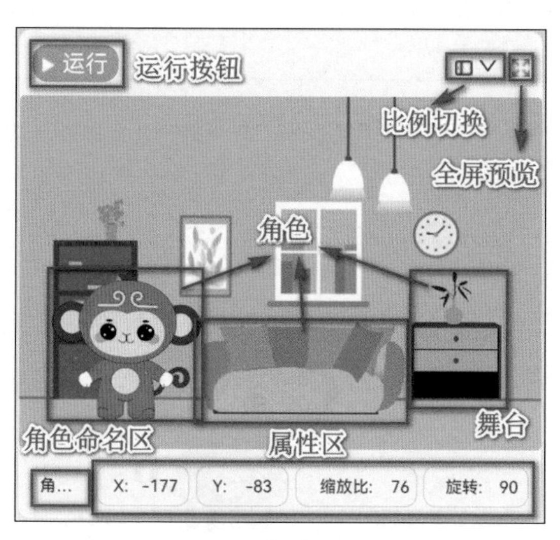

图 A-8　舞台预览区

当点击 运行 按钮后，程序即进入运行阶段，舞台上将展示我们所编程的内容。

我们在程序运行的过程中，不能在脚本编辑区对我们的代码进行修改，可以通过 ‖暂停 “暂停”按钮停止程序，再对脚本进行修改，如图 A-9 所示。

图 A-9 “暂停”按钮

同时舞台上方还有一些快捷按钮，可以进行比例切换和全屏显示。

（2）“已选素材区”

“已选素材区”是进行背景素材以及角色素材添加修改操作的场所，在“已选素材区”可以通过挑素材、自己画等添加新的素材到我们的创作场景中，然后选中特定素材后可在脚本编辑区为其添加相应的代码指令。

附录 B 编程环境基础操作

1. 创建作品

进入图形化编程环境，点击“文件”菜单，选择“新建作品”命令，新建项目，当前新建项目没有任何的背景和角色，我们需要在下一步为其添加背景和角色，如图 B-1 所示。

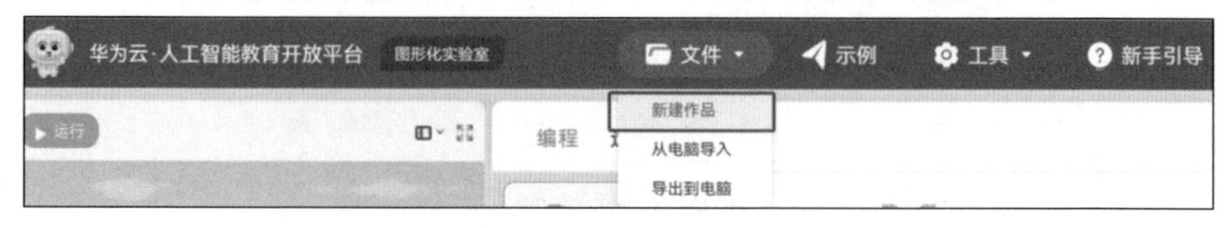

图 B-1 点击“新建作品”按钮

2. 添加背景

1）这时界面转变为新建作品的界面，新建的作品默认为空白背景。将背景图修改为“1. 凌霄之志”文件夹中的“凌霄之志背景 .png”图片，下面是修改方法：

①在角色背景区，点击“空白背景”图标，然后点击屏幕中间的“背景”按钮，切换到背景选项卡。点击

最下方的按钮，出现两种增加背景的方法，“新建造型”和“素材库”。因为自带的“素材库”中都是平台提供的固定素材，不满足我们故事发生的场景，所以下一步，我们要使用“新建造型”的方法，如图 B-2 所示。

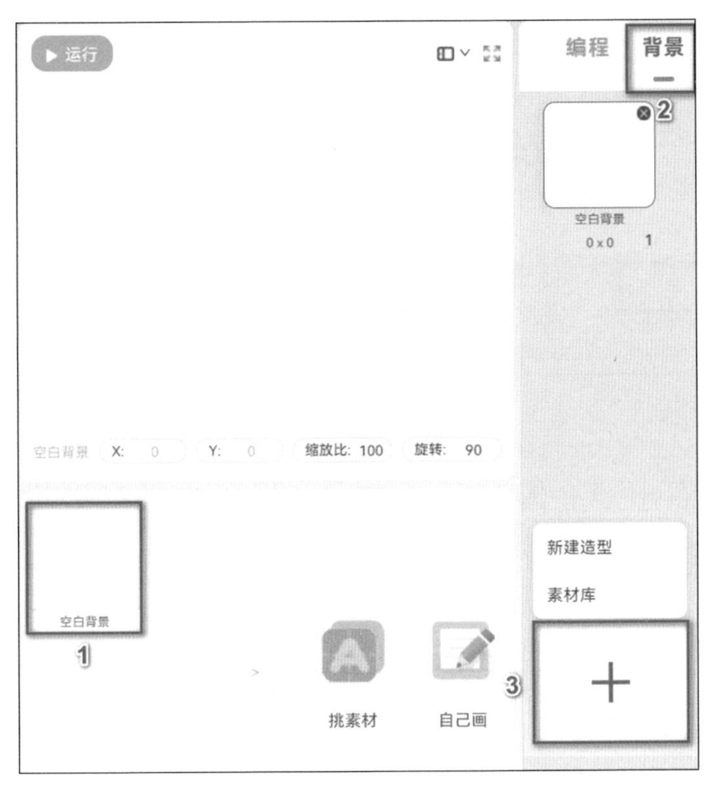

图 B-2　添加背景

②“新建造型”按钮可以手动绘制符合我们需要的背景。这里需要添加本书附带资源中的“凌霄之志背景”

图片，因此点击“素材库”按钮。在所弹出的“素材库”窗口中，选择左侧“自有素材”下面的“背景”按钮，点击按钮，上传自有素材中的背景，如图 B-3 所示。

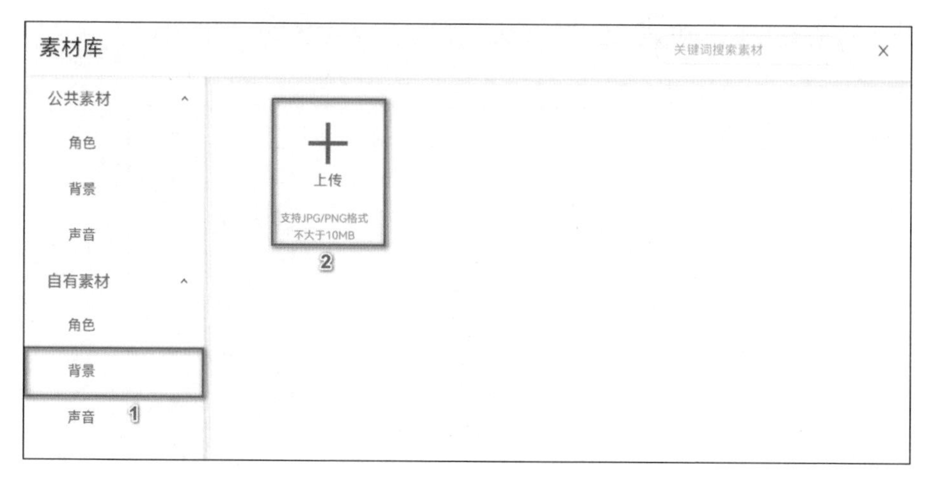

图 B-3　上传背景图片

③点击“上传”后，弹出“打开文件”对话框，在当前对话框找到“凌霄之志背景”图片的位置，点击“打开”，即可将当前选中的图片上传到自由素材库中，如图 B-4 所示。

④稍等一会，就可以在“历史上传素材”中看到已经上传的背景图。选择要添加的背景图，点击“确认添加”就可以将当前图片设置为舞台背景，如图 B-5 所示。

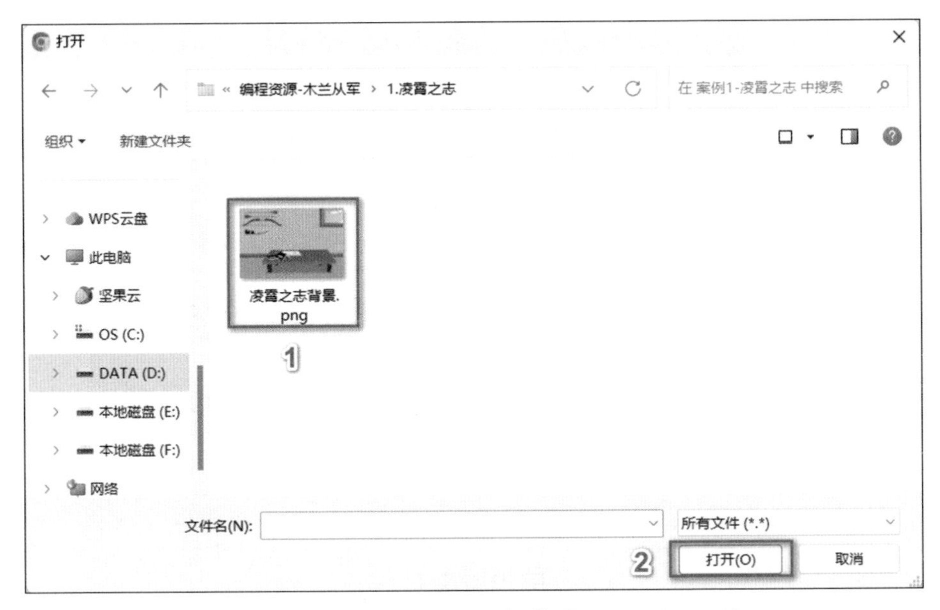

图 B-4 选择“凌霄之志背景 .png”图片

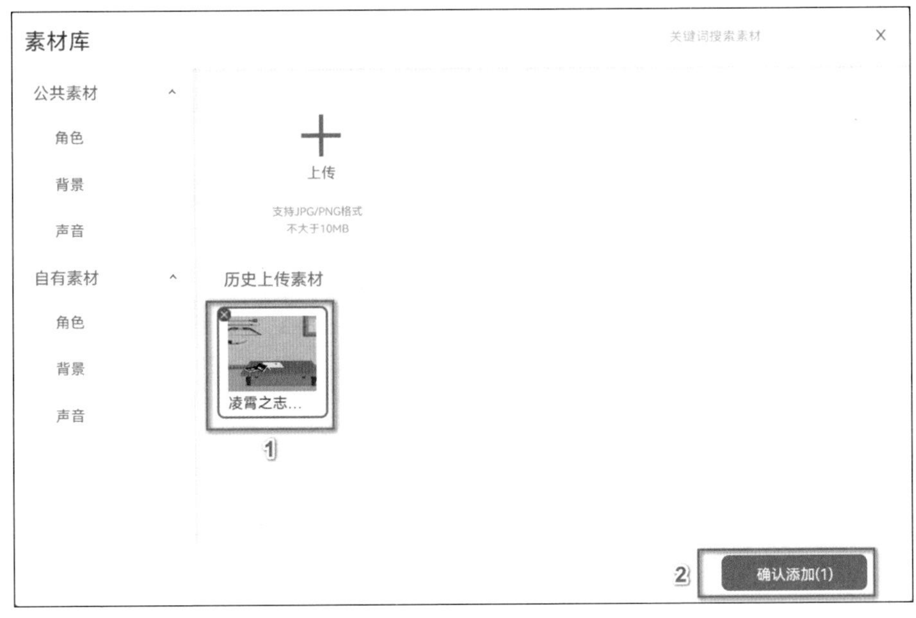

图 B-5 点击“确认添加”按钮

2）完成上述步骤后，就完成了背景图片的导入，最后将默认的空白背景删除。

3. 添加角色和造型

设置完背景后，接下来可以按照下表所列的“角色造型”设计要求，选择“1. 凌霄之志”文件夹中的图片，完成角色和造型添加。

角色造型表

类型	命名	造型所用图片	舞台位置
背景	无	凌霄之志背景	覆盖舞台
角色	小木兰	小木兰	舞台右部，如 x=126，y=-40
角色	荣儿	荣儿	舞台中部，如 x=-26，y=-36

（1）新建角色

首先我们需要新建角色，点击角色背景区右下方的“挑素材”按钮。这里添加本书附带资源中的“木兰”图片，因此点击“素材库”按钮，在“自有素材”的“角色”中，上传“1. 凌霄之志”文件夹中的“木兰”图片。

上传成功后点击新上传的素材，点击“确认添加”即可添加角色，如图 B-6 所示。

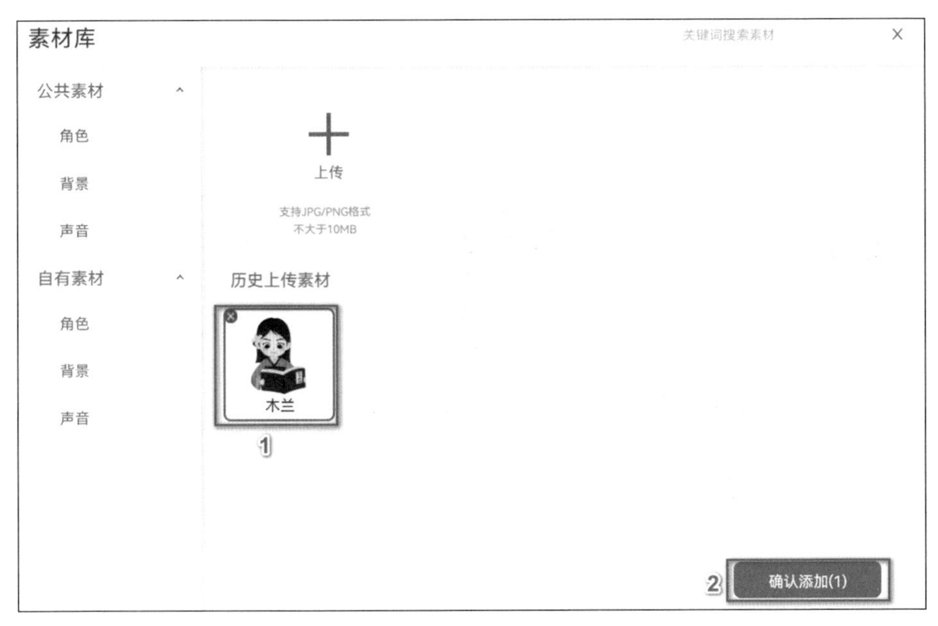

图 B-6　点击“确认添加”按钮

（2）添加造型

①创建完角色后，可以为该角色增加造型。在角色背景区，选择希望增加造型的“小木兰”角色图标，点击积木区中的“造型”按钮，切换到角色造型选项卡。点击最下方的按钮，出现两种增加造型的方法，“新建造型”和“素材库”。平台提供的“素材库”中没有符合我

们需求的文件，所以我们需要使用“新建造型”，将准备好的造型资源上传，如图 B-7 所示。

图 B-7　为当前选择的角色添加造型

②点击“新建造型”之后，在弹出的“素材库”窗口中，选择“自有素材”的“角色”，依次上传“案例1-凌霄之志”文件夹中“小木兰”的其他造型图片（由于这个案例不涉及更改造型，所以这里只介绍方法）。上传成功之后点击“确认添加”即可添加为角色添加造型。

上述操作完成后，布置的舞台效果，如图B-8所示。

图B-8　舞台效果图

附录

附录 C 故事主要角色列表

第 1 章 – 木兰

第 1 章 – 荣儿

第 2 章 – 木兰

第 2 章 – 爸爸

第 3 章 – 花花

第 4 章 – 鱼儿

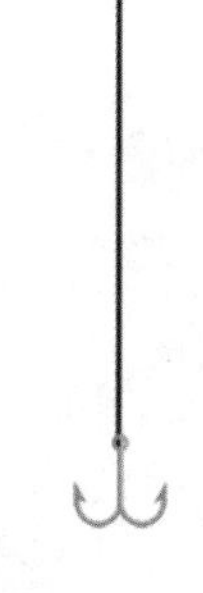

第 4 章 – 鱼钩

第 5 章 – 兔子

第 5 章 – 老鹰

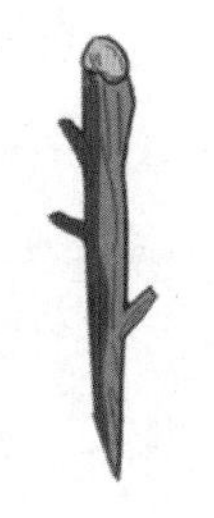

第 6 章 – 枯枝

第 7 章 – 士兵

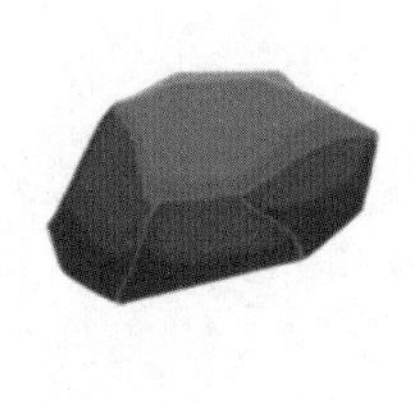

第 7 章 – 石头

第 8 章 – 树木

第 8 章 – 信鸽

第 9 章 – 荣儿

第 9 章 – 诗词

第 10 章 – 第一处不同

第 10 章 – 第二处不同

第 10 章 – 第三处不同

第 10 章 – 第四处不同

第 10 章 – 第五处不同

附录D 使用积木汇总

背景和角色都可以调用积木进行程序制作，让我们来回顾一下本书中用到的积木吧！

（1）“事件”类积木：

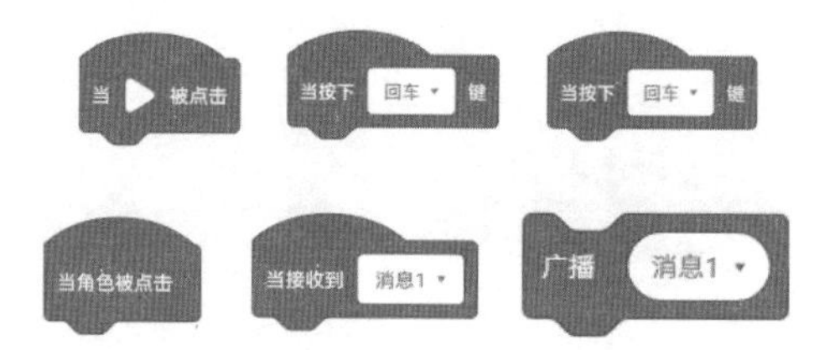

（2）“控制”类积木：

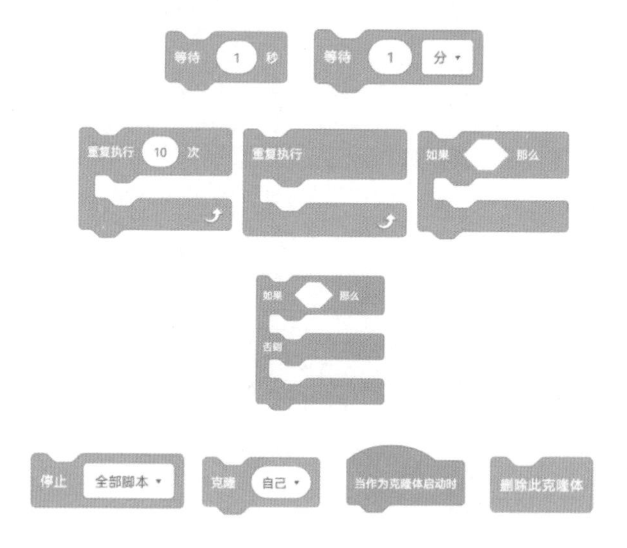

（3）“动作”类积木：

（4）“外观”类积木：

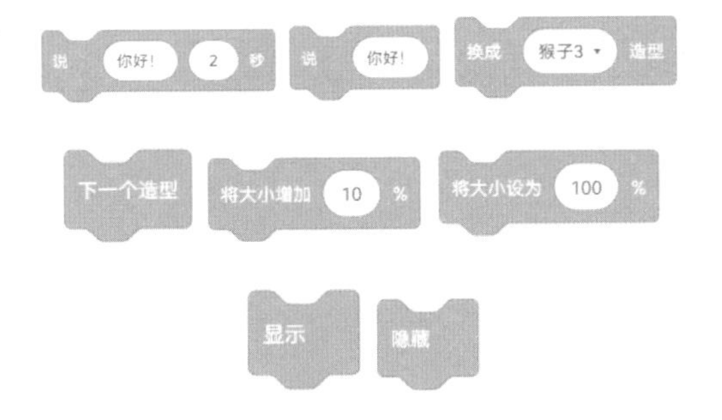

（5）“声音”类积木：

（6）“侦测”类积木：

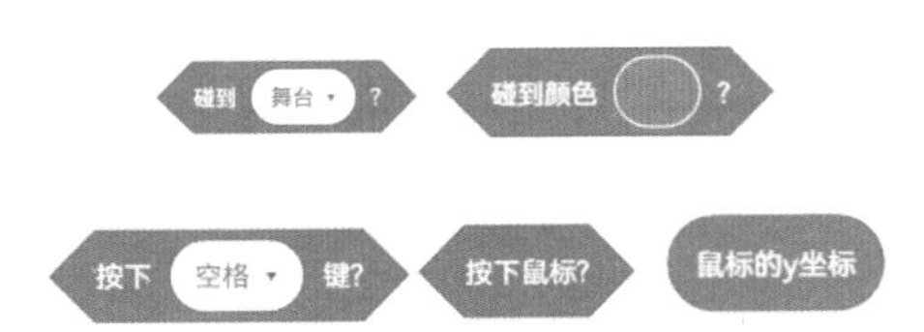

附录

（7）“运算”类积木：

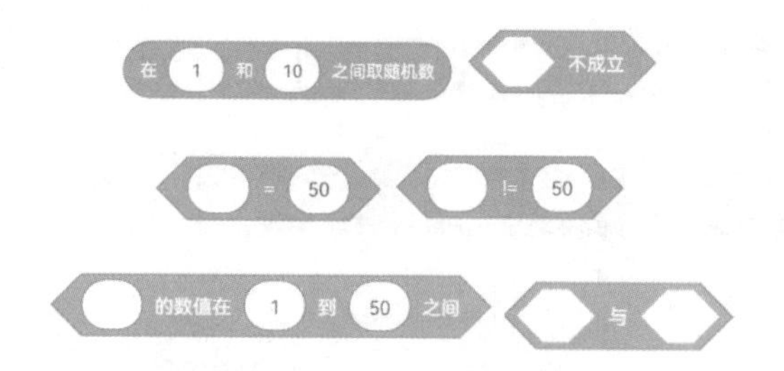

（8）“变量 & 列表”类积木：

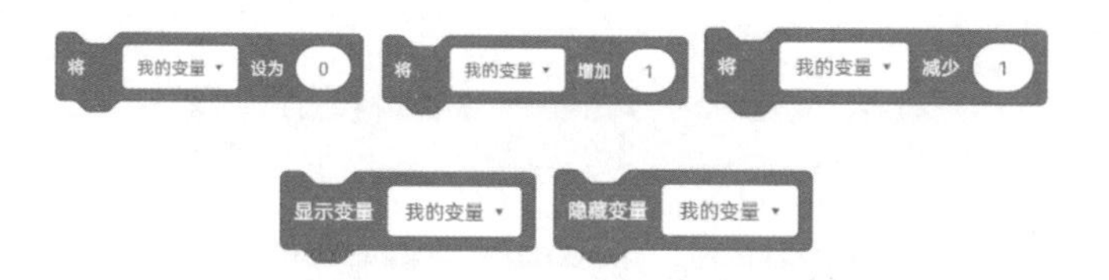

（9）“画笔”类积木：

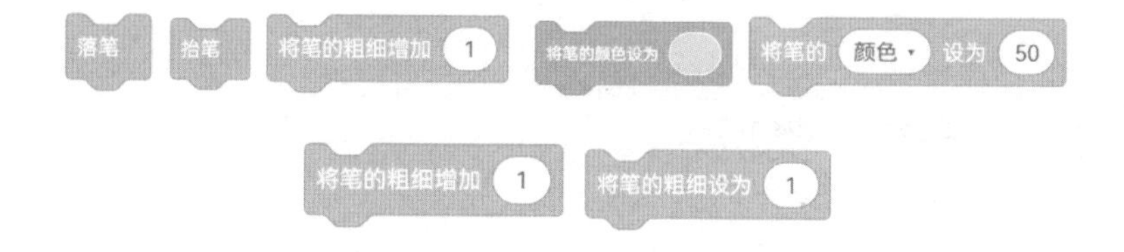

参考文献

[1] 贺玉萍.《木兰辞》创作时代与作者之探究[J]. 洛阳大学学报，2004，19（1）.

[2] 郑朝琳.结构主义叙事学视野下《木兰辞》中的木兰形象[J]. 文学教育，2014（1）：69-71.

[3] 李雄飞.《木兰辞》是十六国时期陕北地区的民间叙事诗[J]. 西北民族学院学报（哲学社会科学版），1999（01）.

[4] 陈雀倩.生命如嚼蜡——蔡东《木兰辞》中的生活启示与零碎智慧[J]. 南方文坛，2015（6）.

[5] 兰鲜凤.论从《木兰辞》到电影《花木兰》的改编[J]. 电影文学，2010（16）.

[6] 李清平."三美论"观照下的《木兰辞》两译本片断析评[J]. 哈尔滨学院学报，2008，29（04）：123-126.

[7] 王松泉，曹颖群 . 繁与简——试谈《木兰辞》的精妙构思 [J]. 中学语文，2003（22）.

[8] 张明珠 . 女性主义视角下乐府民歌《木兰辞》中女性形象研究 [J]. 文学少年，2021（018）.